優渥叢書

優渥叢書

優渥叢書

彼得·杜拉克也提出

反本能計畫

劉船洋——著

37個科學的方法，管理你人性的弱點

目次 —— Contents

第二章 你習慣本能的過一天，就會平淡過一生……

第三章

遇到困難就力不從心，是負面情緒惹的禍

目次 —— Contents

第四章 愛面子是本能、放過自己是本事

第五章 你是反射思考，還是用5WHY分析資訊？

前言
本能只能讓你活著，反本能卻能讓你出色

有一次參加活動，有聽眾問我：「你從小就很自律嗎？」我搖搖頭。剛開始寫作時，我並不是一名自律達人，反而非常不自律——熬夜看劇、早晨賴床、做事拖延……，所以我嘗試學習有關時間管理的知識，想變得自律一些。

在學習的過程中，我發現時間管理並沒有想像中簡單，想要解決生活中的某個問題，很難只依靠一種方法或一個理論實現。想要改變，必須將許多方法加以組合，並結合自身的實際情況摸索與創造，形成屬於自己的時間管理方法。在這個過程裡，方法只是其次，更重要的是摸索和創造。

我個人的時間管理從堅持早睡早起開始。我寫過一篇關於早起的文章，很榮幸有許多讀者喜愛，各大媒體紛紛轉載，網路點閱率達一百多萬。在那篇文章裡，我提到塑造早起氛圍的重要性，推薦大家加入「早起團」督促自己，畢竟人性使然，沒有人

監督就會不自覺想偷懶。

後來應讀者要求，我自己也創立了早起團，一輪二十一天，有近兩千人加入早起團接受挑戰。很多人對早起團的第一印象就是督促彼此早睡早起，雖然這的確是早起團的重要任務之一，但比這更加重要的是，透過二十一天的鍛鍊，找出適合自己的生活節奏。

從自身的弱點出發，找到解決問題的方法

早睡早起固然好，但每個人的生理時鐘不一樣，工作性質也不同，時間管理不是機械化的理論和方法，關聯到的是一個又一個活生生的人。要知道，理論和方法都是為人服務的，嘗試一段時間後，發現該方法並不適合你，那又何必為難自己呢？

我發現僅僅時間管理，已經不能滿足改變的需求，很多時候問題解決不了並不是因為沒有時間，而是因為僵化的思考模式與缺乏精力。所以，我的寫作方向逐漸延伸到其他領域，最終我發現，**改變是與人性做抗爭、與本能做鬥爭**。

在成長的路上，我們只有看透自己，才能看清未來，而「看透自己」就是審視自

己、發現缺陷的過程。我們唯有從自身的弱點出發，逐一找到問題的解決方法後，才能真正養成好習慣，掌握住實用的成長技能。

伴隨經濟快速發展、資訊急遽膨脹，人類的競爭壓力也越來越大。在八、九〇年代，高職學歷就能擁有一份穩定的工作，如果就業期間不出大紕漏，就能一路做到退休。但現在別說高職學歷，大學生畢業後求職都顯得有些捉襟見肘，鐵飯碗的年代一去不復返。面對競爭和急遽的變化，抱怨沒有任何意義。**想成為更好的自己，想在未來保有更強的競爭力，就必須養成終身學習的習慣。**

至於學什麼，可以分為兩大類：專業能力和通用技能。前者幫助你在專業領域內站穩腳跟，而後者是人人都要學會的技能，比如時間管理、精力管理。這些技能一旦習得，便會持續產生複利效應，即使換了職位，仍可以幫助你更快融入新環境、適應新生活。那麼，如何習得這些技能，便是我寫這本書的目的。

用四大力來戰勝拖延症

第一章以多數人最頭痛的拖延症為開端，和大家一起深入瞭解拖延症的原因與危害，用「四大力」來幫助大家逐漸戰勝拖延症。

學會戰勝拖延症的系統化方法才是關鍵，用「決勝力」喚起行動的力量，用「行動力」邁出第一步。當行動開始後，我們就需要考慮如何堅持以及高效率地行動，這時候就要從「持續力」和「專注力」著手，丟掉三分鐘熱度，變身自律達人。決勝力、行動力、持續力，再到專注力，四大力層層遞進，便可以持續高效率地行動，徹底和拖延症說再見。

時間管理與精力管理並行

談到時間管理，很多人會覺得它很機械，認為那是要把人打造為機器人，為了效率而不停歇地奔波勞碌。然而，時間管理發展至今天，早已拋棄效率至上的觀念。**時間管理只是一種方法、一項技能，目的是幫助我們提升效率、充實生活。**但不知道從什麼時候開始，時間管理變得越來越繁雜，有許多種說法。

比如我們常說的「三隻青蛙」，不明白的人會一頭霧水，青蛙和時間管理怎麼會扯在一起？其實它指的是：將每日最重要的三件事當作三隻青蛙，每天撥出二〇%的時間，集中精神專門對付這三隻青蛙。後來這個方法又擴充成ABCDE法則，但本質其實都是一樣。

所以在本書中，很多理論會直接從源頭講起，讓大家掌握核心概念，避免落入名詞的陷阱。除了時間管理之外，**精力管理也是本書的重點，我會從如何幫助各位實現早睡早起、堅持運動，具體提出讓精力管理落實在生活中的方法。**

小米集團創始人雷軍說：「不要用戰術上的勤奮掩蓋戰略上的懶惰。」如果一個人的格局太小、思維僵化，便很容易陷入低效率的勤奮，雖然每天看起來忙碌，卻沒什麼實際成果。

時間管理、精力管理很重要，但是當思考的方式存在重大問題時，學習再多時間管理和精力管理的知識都無濟於事。因此，本書將有大量篇幅著墨在如何科學地做出選擇，並針對這個目標提出一些實用的進階方法。例如面對資訊洪流，我們該如何學習辯證，又該如何系統性地打造屬於自己的知識體系，而越是能夠「反本能」的人，往往越容易快速成功。

人為什麼會拖延？如果僅依賴時間管理的各類工具，只是治標不治本，無法根除，不如換個角度，從認識拖延症開始。本章透過一系列的方法，幫助你邁出行動的第一步，努力做到堅持而高效率地行動。

第一章

為何拖延、放棄是我們的本能反應？

戰勝拖延症，談何容易？

拖延不是疾病，瞭解它後學習擁抱它

什麼是拖延症？就是「因自我調適失敗，在能夠預料後果有害的情況下，仍然把計畫要做的事情往後延遲的一種行為」。

有人說：「今年的計畫，就是搞定去年那些原定於前年的安排，不為別的，只為兌現大前年要完成大大前年的承諾。」可見拖延症絕對是自己成長路上的巨大絆腳石。

不少人認為拖延症是沒有時間觀念和偷懶的表現，實際上沒這麼簡單。引起拖延的原因有很多，沒有時間觀念只是其中之一。至於懶這件事，不過是人性使然，任何努力的過程都充滿艱辛，因為努力本身就是一件「反人性」的事情。**人們做選擇時，出於追求安逸的本能，會習慣性選擇簡單的事情來做，拖延也就隨之產生。**

想要戰勝拖延症，必須從瞭解它開始。

調查顯示超過一半的人都認為自己有拖延症，甚至不乏名人，比如著名文學家胡適在《胡適日記》裡寫到：

七月四日　新開這本日記，也為了督促自己下個學期多下些苦功。先要讀完手邊莎士比亞的《亨利八世》。

七月十三日　打牌。

七月十四日　打牌。

七月十五日　打牌。

七月十六日　胡適之啊胡適之！你怎麼能如此墮落！先前訂下的學習計畫你都忘了嗎？曾子曰：「吾日三省吾身。」不能再這樣下去了！

七月十七日　打牌。

七月十八日　打牌。

這就是所有拖延症患者的真實寫照，頹廢中夾雜著一時的雄心壯志，等熱度過去，繼續頹廢。**雖然人們把重度拖延的情況稱為拖延症，但它本身並不是一種疾病，不必有過多的心理負擔。**我們只需學著擁抱拖延症，在熟悉它的過程中嘗試改變。

人為什麼拖延？有三大原因

拖延症是在與人性對抗，試著用心理學解讀它或許更好懂。

你有沒有想過自己為什麼拖延？總的來說，造成拖延的原因有三大類，分別是缺乏熱情、追求完美以及壞習慣作祟。

缺乏熱情最可怕，一個對生活沒有激情、對未來沒有期望、對人生沒有規劃的人，又怎麼可能活得鬥志昂揚，追求屬於自己的幸福呢？

追求完美本身是一件好事，但很多追求完美的人是因為害怕失敗，才縮手縮腳，在無關緊要的事情上浪費大量的時間。

至於壞習慣作祟就更好理解了。現在的我們是由過去的經歷造就，不可能現在是一個習慣拖延的人，在過去卻是一個說做就做的人。

想要改變，就得對症下藥。改變前不妨先問問自己，導致你拖延的原因是什麼？

拖延症不僅危害身心，也降低工作品質

拖延症最直接的危害是誤事，不僅降低工作效率，還對自己的身心健康帶來巨大的傷害，甚至引發憂鬱症等心理疾病。

表面看來拖延症浪費掉的是時間，實際上是錯過成長的機會。當意識不到拖延帶給自身的危害時，改變就很難發生。它會讓人在潛意識裡覺得拖延並沒有什麼危害，而這種渾渾噩噩的狀態會讓人變成溫水裡的青蛙。

拖延症使工作時間無限延長、效率低下，在拖延的過程還容易滋生大量的負面情緒。正如《戰勝拖延症》作者皮切爾（Timothy A. Pychyl）所說：「拖延時我們看似逃避了痛苦，得到一時的享受，事實上拖延的過程也很煎熬。」

此外，拖延症令人變得自卑、怯懦，甚至自暴自棄。因為害怕失敗，所以拒絕一切成長，久而久之便會懷疑和否定自己，最終導致惡性循環。

拖延症也會導致信用崩塌、人際成本上升。你的工作品質和能力是大家有目共睹的，持續交出低品質的報告，會喪失別人對你的信任，機會也就離你越來越遠。

還記得學生時代，老師曾要求每個小組在期末發表一個自製短片。到期末發表

時，其他組的作品都非常精彩，絲毫不遜色於專業水準，而我們小組交出去的卻是一個一鏡到底的錄影：幾個人以宿舍的藍窗簾為背景，單調地站成一排，對著手機鏡頭合唱一首英文歌。

因為整個學期，我們小組人都湊不齊，不是這個人今天有事外出，就是那個人明天要回家。一學期的時間都沒能好好坐在一起討論短片的內容及分工。就這樣一拖再拖，到發表的前一天，我們用不到二十分鐘的時間搞定全部內容，品質可想而知。

拖延症也有好處，別完全否定它

雖然拖延的危害很多，但凡事有利有弊，拖延症給人帶來的並不全是壞處，也有好處。美國賓州大學華頓商學院（The Wharton School）教授研究發現，有拖延症的患者更具有創造力。他們認為大多數人一開始想出的點子都是普通的，不特別出色，而拖延會讓一個人的思維漂浮不定，因而產生更多靈感，迸發出更大的創造力。

當然，單純的拖延並不會產生任何創造力。但若能在拖延的過程中，為達成目標做出「無心」的準備，這種準備看似低效率，其實對結果大有幫助。

比如寫文章，確定主題後立即開始書寫，成品品質往往不高，靈感雖然會帶來好的選題，但寫出來的文章鬆散，很難形成體系。所以，我通常會在寫作前和讀者聊上一陣子，看似浪費時間，實際上在聊天的過程裡，腦子裡浮現的全都是關於文章主題的內容，聊天的話題也會往主題靠攏，最終往往能在聊天中有所收穫、得到啟發。

此外，對於剁手黨（編按：指沉溺於網路購物的人）而言，也需要有點拖延症，畢竟衝動消費的人很多。

因此，在我們認識拖延症後，就要從不同的角度、系統性地擺脫拖延症，才有望變身眾人羨慕的自律達人。

搞定訴求，才能召喚決勝力

清楚自己的訴求，別被「假興趣」蒙騙

導致拖延的原因有很多，但大部分的人最主要是缺乏行動的熱情，感覺做什麼事情都沒有意義。上課只為考試，上班只為賺錢，連吃飯也僅是為了填飽肚子、補充身體必要的能量而已。這聽起來沒什麼不對，但有一種深深的厭世感，如同行屍走肉一般，不思考自己為什麼而活。這個千百年來都沒有標準答案的哲學問題，在一定程度上決定了你前進的方向。

為什麼而活？這個問題範圍太大，可能一時沒有答案，那就試著縮小範圍，從興趣說起。畢竟人們都說興趣是最好的老師，只要有興趣就會擁有行動的力量。

人這一生，能有幾件感興趣的事情就會很幸福。不過要注意，不要被假興趣所蒙蔽了。所謂「假興趣」是指根本沒接觸過的事物，對它的理解，僅僅是從你既有的知

識體系去猜想的結果。

每年大學填報志願的時候，都會有很多考生問我：「我該選擇什麼科系？」通常我會先反問他們自己有什麼想法。有一位學弟這麼回答：「我想學電腦，因為以後都是電腦的天下；或者學經濟學，這樣以後就能在外商企業呼風喚雨；學統計也不賴，聽別人說現在是大數據時代，畢業後一定很好找工作。」聽他說這麼多，我彷彿看見求學時的自己，對這些專業的理解不過是由學科名稱想像而來，等到進入大學，有了切身體會後才發現，對當初自以為有興趣的早已沒興趣。

很多時候，人們的興趣愛好只是一種不瞭解真實情況下的衝動，它確實可以喚起人們對一件事的熱情，但僅限於啟蒙階段。所以，選擇自己喜歡的事情之前，首先應該多接觸、瞭解它，在過程中獲得足夠的認知，才能真正搞清楚自己想要什麼。

培養正向思考的能力，少說「沒辦法」

想喚醒行動的力量，還需要培養積極向上的態度。社會心理學家萊格伍德（Alison Ledgerwood）曾做過一個有意思的實驗：

她隨機選兩組人讓他們評價一種手術。她對第一組強調手術的正面效果（七〇％成功率），對第二組則強調手術的負面影響（三〇％失敗率）。實驗結果是第一組人肯定這個手術，而第二組人則反對。

接下來，萊格伍德對這兩組人改變說法：對第一組說手術有三〇％的失敗率，結果這些人改變想法，不再傾向認同手術。然後，她對第二組強調這個手術有七〇％的成功率，但和第一組不同的是，第二組人仍抱持原來的負面看法。

實驗結果反映出，每個人思考模式轉換的難易程度不同。同一件事，當開始從負面角度思考時，人們便很難再關注好的一面，喪失了更多可能性，離想要的結果就會越來越遠。**所以抱怨不但解決不了問題，反而會讓人把過多的注意力浪費在那些糟糕的事情上。**

為了減少抱怨帶來的危害，我們必須培養在第一時間正向思考的能力。別總是把「這太難了，根本不可能完成。」的負能量語句掛在嘴邊。可以說「累」，但別說「沒辦法」，及時灌輸正能量，能幫助我們恢復鬥志，重新湧起行動的力量。

用優劣思考表，激發事物的熱情

想燃起行動的力量，還能嘗試「優劣思考表」。我大學讀的是理科，但興趣是寫文章，所以學數學這件事對我來說簡直就是折磨。

起初我對統計學非常排斥，我不明白學這些複雜的微積分、線性代數有什麼意義，但因為一次不經意地列舉讓我改變想法。我稱它為「優劣思考表」，就是把一件事帶給自己的好處和壞處全部寫下來。我曾用這個方法激發自己對各種事物的興趣，例如消除對統計專業的誤解、激起對數學的熱愛以及學英語的熱情。

以前我對英語極度恐懼，小城市出生的

學習英文的好處	學習英文的壞處
1. 成績變好 2. 對將來工作有幫助 3. 旅遊方便 4. 提升國際觀 5. 獲得師友讚美 6. 成就感提升 ⋮ 14. 可申請獎學金	1.減少玩樂的時間 2.進度上有壓力 3.花腦力 4.無法理解時有挫折感

【表1-1】學習英文的優劣思考表

我，口說能力一塌糊塗，從來不敢開口講英語，但它卻是必考科目。於是我拿出一張紙，左邊寫下學英語的好處。當我列舉完學好英語有什麼好處時，便產生行動的力量，甚至開始愛上英語。接著我列舉壞處，本以為我可以列舉出幾十條討厭英語的理由，但寫到第四條就寫不出來了，而對比左邊輕鬆列出來的十多條好處後，我才發現學英語如此美妙。每當我缺乏學英語的動力時，我就會看看這張紙，每看一次就多一點力量。

總之，想喚醒行動的力量，首要是清楚自己想要什麼。接著從興趣著手找到前進的方向，培養積極的人生觀，少一點抱怨，不妨用優劣思考表激發前進的熱情。

用彼得・杜拉克SMART原則，邁出行動第一步

養成微習慣——簡單就容易堅持

有行動的力量，喚起必勝的信念以後，就到邁出第一步的時刻。人們總說理想很豐滿，現實很骨感，但骨感的不是現實，而是你的「行動力」。「思想的巨人，行動的侏儒」就是諷刺那些只會說卻從不肯行動的人。目標再偉大，計畫再周全，落實不到位，就只是空中樓閣。所以，**邁出第一步時不要急著制訂完美的計畫，不妨從養成微習慣開始。**

微習慣強調的重點是「微」，像是每天堅持一個伏地挺身、每天背一個單字、每天讀書兩頁或寫五十個字，這些都是微習慣。為什麼微習慣有效？請你現在摸一下自己的鼻子或者伸個懶腰，你不但沒有拒絕，而且已經開始按照這個建議做，這就是微習慣神奇的地方。當堅持的事情如同摸鼻子一樣簡單，完成一件事的代價極低，抵抗

的情緒都可以忽略不計，自然就踏入實現目標的第一步——開始行動。

Dione是我的一名讀者，她每天堅持早起、跑步、背單字，是標準的自律達人。但半年前，她還是一名「懶癌患者」。回顧整個過程，她說自己的改變只是當初一次傻傻地堅持。對她而言，比起早起、跑步，背英語單字容易得多，所以她從養成背單字的習慣開始，每天堅持背十個單字。別小看這十個單字，改變是潛移默化的，因為每日的堅持，Dione的英語成績沒多久便產生突破性的提升。

從背單字一事，Dione看見自身的潛力，變得更有自信。於是，她挑戰早起、嘗試跑步，人生因為背單字這個微習慣而開啟新的篇章。非洲流行一句諺語：「怎樣吃掉一頭大象？一次一小口。」每天堅持背一百個單字會讓你心生膽怯，不如計畫每天只背五個單字，降低執行的阻力，讓這件事簡單到在等電梯時就可以完成。獲取初始的行動力，不妨從喜歡的事情做起，再挑戰其他習慣。

用大師的方法，制定科學的原則

雖然不建議大家在一開始就急著制訂計畫，但不可否認，一個好計畫可以幫人找到行動的突破口。良好的行動力加上科學的計畫，能讓人朝目標加速前進。

六十多年前，**管理學大師彼得・杜拉克（Peter F. Drucker）制訂出SMART原則，這個原則自那時起就一直是制訂計畫的經典法則。**SMART原則將計畫分成五個維度，一份合格的計畫，五個維度缺一不可。五個維度分別是目標明確（Specific）、可以衡量（Measurable）、能夠實現（Attainable）、與目標相關（Relevant），與時限明確（Time-based）。

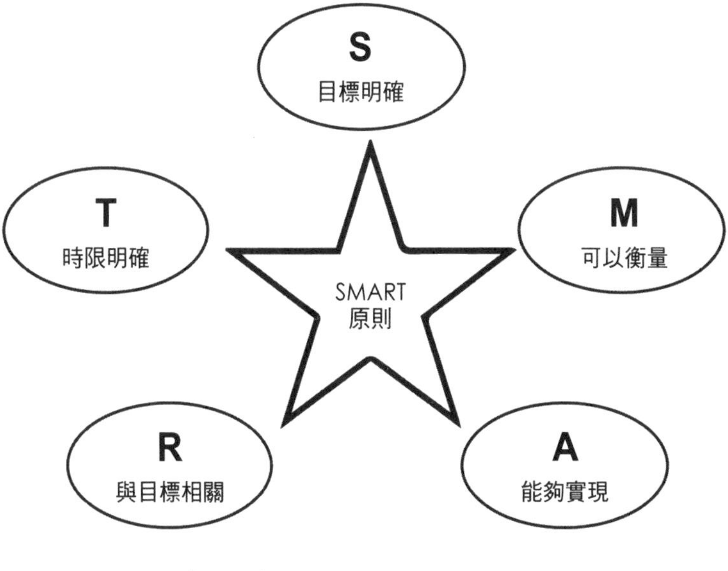

【圖1-1】彼得・杜拉克的SMART原則

目標明確——S（Specific）

很多時候，設定的目標沒有實現，也許不是因為執行計畫的力度不夠，而是因為目標設定太含糊，必須以明確的語言，清楚說明要達到的效果。例如體型較圓潤的人聲稱想變瘦，但「瘦」這個字眼是模糊的概念，並沒有公定的衡量標準，所以應該將目標訂為「要在多長的時間內減重幾公斤」。

可以衡量——M（Measurable）

這個原則用來檢視你的計畫是否可以清晰呈現。再拿減重這件事來舉例，體重機對於想瘦身的人是非常好的工具，每一天的減重效果都可以藉由它得到明確的回饋。

能夠實現——A（Attainable）

身高一百六十公分、體重六十五公斤的女性，計畫一個月減重二・五公斤，是很合理的目標。但不少瘦身心切的女性經常把目標訂得太高，例如一個月減十五公斤、兩個月減二十五公斤這種荒唐的目標，極不符合「能夠實現」原則。她們恨不得睡一覺就立刻瘦到理想的體重，可惜往往事與願違，不但沒有達成設定目標，甚至因減重過度而傷身。

與目標相關——R（Relevant）

「與目標相關」指當前計畫與其他計畫是否有關聯。每個人的最終目標都是成為更好的自己，例如瘦身可以歸類為身材管理，屬於「通用需求」。與其相似的還有「臨界知識」這個詞，是成甲在其著作《好好學習》中提出。他說，諸如時間管理、複利效應、八二法則等原理都屬於臨界知識，學會它們基本上能和每一個人的人生大目標吻合。相反地，如果不是專業人士，就不需要在一些相對專業的知識上花費過多的時間和精力。

時限明確——T（Time-based）

「時限明確」意指，想在短時間內完成更多事情，不妨嘗試提前設定截止（完成）日期，給自己一點壓力，以確保全身心投入。

以上便是ＳＭＡＲＴ原則的具體實施方法。總結一下，邁出行動第一步的關鍵在於，不要給自己增添過多的心理負擔，只要聚焦在「執行」二字。等到逐漸養成說做就做的好習慣後，再運用ＳＭＡＲＴ原則，避免結果偏離設定目標。由上述可知，「養成微習慣」與「運用ＳＭＡＲＴ原則」必須相輔相成，缺一不可。

三分鐘熱度，是習慣還是天生的毛病？

毅力能支持行動多久呢？不可思議的醫學現象

很多人並不難開始行動，因為興趣就能很自然地讓他們投入一件事情中，但很容易存在另外一個問題：三天打魚、兩天晒網。

由夏菲爾（Eldar Shafir）與穆蘭納珊（Sendhil Mullainathan）合著的《匱乏經濟學》中，分享過一個有趣的實驗，實驗的對象是糖尿病患者。眾所周知，糖尿病在以前是絕症，可能致人昏迷、失明、截肢甚至是死亡。幸運的是，隨著醫療科技進步，糖尿病已經在人類的可控範圍內，定期用藥就能有效預防它對人體的傷害。但時至今日，仍有數百萬人因為不願意按照醫囑定時服藥而死亡。

這聽起來很不可思議，但這是事實。

即使面對的敵人是死亡，但因為是慢性的，人往往無意識地忽視它，遑論那些索然無味又不知道何時會見效的學習過程。因此毅力確實重要，但還不至於產生決定性的作用，其實人們真正需要的是一套適合自己的回饋機制。

把人生當成一場遊戲來打

為什麼有的人通宵打遊戲都不嫌累，只是因為這件事很有趣，讓他們更放鬆嗎？答案是否定的，絕大多數是因為這件事擁有足夠制約行為的回饋機制。

遊戲愛好者都喜歡「解任務」，尤其是主線任務。擊敗一個大魔王，經驗值就能有明顯的數值上升，運氣好還能撿到一些稀有的裝備，這就是玩遊戲的回饋機制。倘若取消經驗值的實質呈現，只在升級當下才能感受到回饋，玩遊戲的人必定少一大半。正是因為擊敗一個大魔王，經驗值便能有所提升，讓人看見希望，得到正面回饋，所以才有堅持下去的動力。缺少回饋機制的遊戲註定不受玩家歡迎，同理可證，缺少回饋機制的人生也極易使人陷入迷惘。換個角度，把人生當一場遊戲來打，也許會有意想不到的收穫！

成功帶來的激情，大於激情帶來的成功

有人說：「有些事情不是看到希望才去堅持，而是堅持了才看到希望。」但如果堅持的某件事一直失敗，你還有勇氣堅持到底嗎？

不少朋友會找我討論寫作的技巧，以前我鼓勵那些寫文章沒有突破的人：你們要堅持寫下去，文章是為自己而寫，但點閱率是次要的，千萬別被點閱率綁架。現在我想跟那些人說聲抱歉，這句話太雞湯，雞湯到忽視一切成績背後的核心因素。

為什麼這麼說？回顧我的寫作之路，我能堅持下來的最大原因，不是我天生愛寫，居然只是因為某個寫作平台特有的推薦機制，讓每一位新人有機會嶄露頭角、獲得推薦。

我在很多平台上都發表文章，最後只保留下三個平台，說好聽是「斷捨離」，專注幾個主力平台，其實只是因為我的文章在其他平台的點閱率太低了。堅持一個月仍沒看見點閱率有絲毫長進，評論和轉發也寥寥無幾，我便逐漸喪失信心，選擇放棄。不過，視點閱率為主要回饋的弊端很快就突顯出來，這些外界的評論和點閱數字令我身心俱疲，因為只要點閱率上不去，我的情緒就跟著陷入低迷。

把寫作的動力建立於點閱率後，導致我寫作時並沒有獲得幸福感，我的工作不再有樂趣，於是我決定調整寫作的回饋指標。神奇的是，當我不再糾結於點閱率和旁人的關注，而是取決於寫完文章以後自己是否有所收穫，我便不再迷惘。所以，想要寫作的你，如果寫下一篇文章可以幫助你釐清某個知識或想法，便是一次正面而成功的回饋，你就會有堅持下去的動力。調整回饋指標後的我，開始享受寫作。打通人生這場遊戲的第一關，就是找到一個或多個能帶給你正面回饋的指標。

掌握回饋和機制四要素，是持續行動的關鍵

學霸為什麼越學越有勁？因為教育環境賦予他們龐大的回饋機制——考試。在普通人眼裡考試令人頭痛，可是在學霸眼裡，考試是一次展示自己的機會。考試為他們帶來成就感、獲得獎學金、得到家長和同儕的稱讚，這份成就感激發出他們的學習熱情。至於其他不能藉由學習建立回饋機制的學生，會轉往其他領域發展，直到找到屬於他們的回饋機制。

創作風靡全球的《呆伯特》（*Dilbert*）作者亞當斯（Scott Adams）曾說：「我們

的激情是隨著成功而增加，成功帶來的激情，多於激情帶來的成功。」人終歸要找到一件值得炫耀、帶給自己力量的事物，否則就如同行屍走肉一般，只剩一副軀殼。

持續獲得激情的關鍵，在於不斷獲取正面回饋、創造成功。做到這兩點，你離夢想就更近一步。此外，建立正確的回饋機制還需要注意以下四點：

1. 及時的回饋

很多事情無法短期內見成效，回饋所需時間拉得越長的事項，堅持的難度也越大，如果這中間沒有「成功」持續帶來激情，便難以有結果。這時候不妨將大目標拆成小目標，設立更多的回饋點。

比如帶父母出遊，預計需要兩萬元。趁著興頭你還能堅持幾天，但沒過多久就會發現離目標還很遙遠，不免抱怨「什麼時候才能存夠兩萬啊？」一旦閃過這個念頭，堅持便會異常艱難。

可是，如果你將存下兩萬元拆分為幾個小目標，十二個月平均下來，每個月僅需要存一千六百五十元，也就是每天節省五十五元就好。每完成這些小目標時就給自己一些獎勵、維持興奮感，創造出新的激情，再進一步完成儲蓄兩萬元的終極目標。但要記住目標切勿訂太高遠，不能超出自身的能力範疇，因為回饋是一把雙面刃，正向的回饋能幫助自己實現夢想，負面的回饋則是人生路上的絆腳石。

2. 合理的回饋

太遠太大的目標讓人看不到希望，所以需要把大目標分解成小而具體的目標，在達成階段性的突破時，給予自己適當獎勵。

這裡要強調「適當」的重要。例如：連續堅持慢跑七天獎勵自己去看場電影，這個做法很合理，但獎勵一次出國就過頭了。此外，獎勵不能違背目標，若目標是減肥，那麼堅持運動一個月後，可以獎勵自己一件漂亮的衣服，但絕對不能犒賞自己一頓大餐。對自己好一點的同時，也要學著對自己狠一點。完成計畫時別忘了表揚自己，但無法按時完成計畫也必須有必要的懲罰。

3. 確實的回饋

就算能及時獲得回饋，但回饋不確實也無用。回饋機制很大程度由我們自己決定，正因為自己同時是遊戲規則的制訂者與參與者，所以更容易暗藏「黑幕」。不低估自己的自制力，但也別太高估，盡可能拋卻人為因素，是獲取準確回饋的不二法門。

演講能力如果要快速進步，對著鏡子去練習，便能準確看見自己的一舉一動，而不是全憑想像來評估表現。其實，拿一台錄影機全程拍下演講過程，是更好的做法。最好找朋友來一起檢討、傾聽他人的意見，集百家之長排萬家之短，便能更準確、快速地找到自身缺點，提高演講水準。

4. 持續性回饋

一九三〇年，美國心理學家斯金納（Burrhus F. Skinner）做過一個有趣的實驗。他改造一個箱子，在箱子裡裝設一個開關，飢腸轆轆的老鼠只要按一下這個開關就能得到一粒糧食，久而久之，老鼠便掌握用開關取食的本領。斯金納透過這個實驗發現，動物的學習行為會隨著反覆強化的刺激而產生，這一個理論在人類身上同樣適用，這就是著名的「操作條件反射」（operant conditioning）。

由此可見，卓越不是行為，而是一種習慣，所以培養習慣時，必須將制約的機制納入考慮。希臘哲學家亞里斯多德說：「重複的行為造就我們。」所以我們制訂計畫並設置完獎懲機制後，務必要堅持，持續帶給自己及時、合理、準確的回饋。

以上就是回饋機制的四大要素。從現在起，為你堅持做的事情擬定一套科學的回饋機制吧！相信我，它一定會給你帶來驚喜。

善用番茄鐘工作法，只專注在最重要的那件事

懂得放棄，相信自己在做最正確的事

開始行動並持續堅持，全新的自己便會向你走來，不過也要注意行動的品質。在同等時間內如何提高效率？除了排定的待辦事項有價值，還要提升利用時間的效率，也就是提高專注力。

競爭壓力越大，人們越焦慮，恨不得把時間重複利用再利用。刷牙時要聽有聲書才覺得心安；吃飯不忘打開手機看兩篇文章……，時刻提醒自己充分利用零碎時間，卻從沒想過正是這種無頭蒼蠅式的假勤奮，導致注意力分散，大大降低做事的效率。

那些總說自己靜不下心的人，一邊低效率處理著當下的工作、一邊焦慮未完成的事項，結果眼前的任務沒能按時完成，未來的工作也無法落實，徒增煩惱。要相信行動時的你已經在做最正確的事，焦慮其他的事只會讓你分心，降低品質。所以，提高

專注力的第一步便是專注當下，就像賈伯斯所言：「人們以為專注是對自己所專心的事物說YES，但恰恰相反，專注是對上百個好點子說NO。」

有效提高專注力的3個妙招

除了學會捨棄，想要有效提高專注力還需要結合以下三種方法。

1. 善用番茄鐘

想提高短時間內的工作效率，不得不提「番茄鐘工作法」（Pomodoro Technique）。這個時間管理方法是由西里洛（Francesco Cirillo）於一九九二年提出，因為簡單易執行，深受時間管理者喜愛。

我們先來看一個番茄鐘是如何實行：選

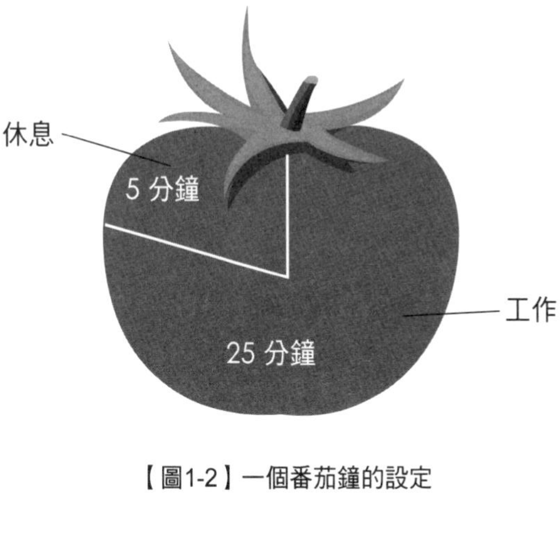

【圖1-2】一個番茄鐘的設定

擇一個一般為二十五分鐘的工作或任務，並加上五分鐘的休息時間。

接著，番茄鐘工作法的實行步驟為：

①選一件待完成的任務。

②將預計完成時數切成數個三十分鐘的時段，並定時在二十五分鐘內專心工作，直到定時鐘響起。

③短暫休息五分鐘。

④如此循環四個番茄鐘後，休息十五至三十分鐘。

可視個人需求決定番茄鐘數，例如寫一篇文章需要四小時，也就是需設定八個番茄鐘數。

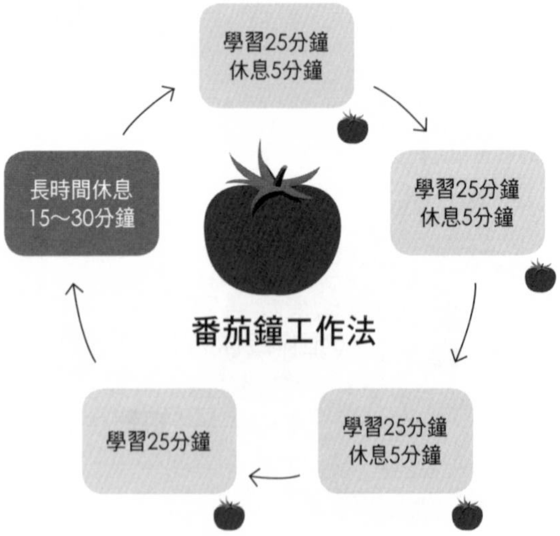

【圖1-3】番茄鐘工作法五步驟

番茄鐘工作法有明確的使用規範：①完成待辦事項的所需時間要超過半小時；②需要靜下心執行的任務，諸如閱讀一本書、寫一份報告可以運用番茄鐘來完成，但是刷牙、領快遞這類小事則不適用。

但有一些例外狀況，如寫文章需要靈感，若正值文思泉湧之際，定時器響起，儘管只是放鬆五分鐘，都會讓思緒中斷。所以，任何方法論完全照本宣科都是行不通的，唯有掌握其精神，才能結合自身情況應變，才是時間管理的關鍵。

比起番茄鐘，還有一個更有彈性的時間管理方法——十五分鐘法則。每十五分鐘是一個間隔，一小時就是四個小間隔。

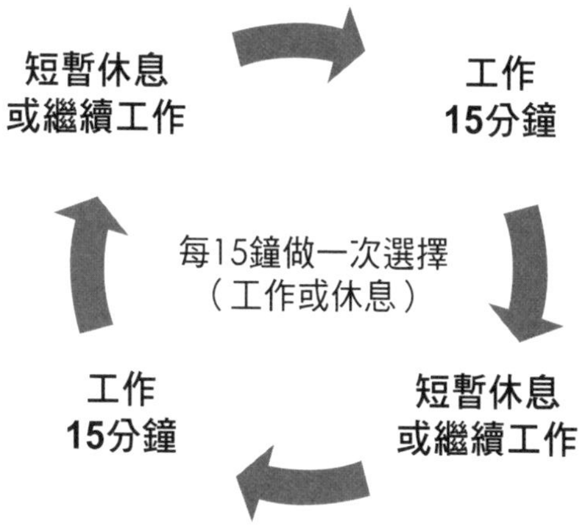

【圖1-4】十五分鐘法則

在每次的間隔開始時，可以自由選擇工作或休息，無論選了哪一種，都要滿十五分鐘以後才能再做選擇。相較於番茄鐘，十五分鐘法則相對短，但這是它的優點，不會有壓力。時間到了也不需要強制休息，可以根據當前的狀況，選擇繼續或處理其他事情，切換狀態的成本小，效率更高。

2. 營造舒適的工作環境

盡力讓自己身處安靜的環境，若難以實現，就要學會營造環境，例如戴上耳機抵擋那些干擾的聲音。平時就要養成勤收納的好習慣，物品一使用完就歸位，避免因尋找工具而分心。或是固定工作前花三分鐘清理辦公桌，將無關物品都放置一旁，讓工作的環境更整潔舒適。

3. 學會精力管理

充足的睡眠是提高效率的前提。身體吃不消的情況下，如何迎接艱鉅的任務？早餐認真以待，確保營養足夠；晚上不要熬夜，長期熬夜容易導致注意力渙散。精力管理與時間管理二者其實是相輔相成。在適合的時段做適當的工作，才是提升效率的關鍵。每個人的精力分配模式不同，有人是早鳥，有人是夜貓。**留心觀察每天什麼時段最有精神和效率，然後把有挑戰性、重要的工作安排在這個時段，別盲目追隨他人的作息。**

早睡早起能增加很多的工作時間，對身體也有好處，但很多人起床後並不能真正投入工作和學習，這樣早起又有何用？還不如睡飽養足精神。你能有效率地利用下班時間嗎？別急於創造時間，先學會妥善利用時間，一小時可以解決的事，不要花兩個小時完成。

用舒爾特方格，練就飛行員的專注力

說到提高專注力的訓練，有一個有趣的遊戲——舒爾特方格（Schulte Table），是最簡單、有效的注意力訓練法。舒爾特方格是由德國精神科醫生暨心理治療師舒爾特（Walter Schulte）所發明，最初用來訓練飛行員的注意力，普及之後，一般人也可用來自我訓練。

在一張方形卡片上畫二十五個等面積的方格，格子內任意填寫阿拉伯數字一到二十五。訓練時，用手指依序指出數字一到二十五的位置，同時誦讀出聲，最終記錄下所用時間。整個過程花費的時間越短，代表注意力越集中，經過反覆練習，專注力便能得到強化。據說，一名專注力良好的成人可以在八秒內完成，那你呢？

每天斷網兩小時，集中於當前的任務

常聽人說現在是「訊息碎片化時代」，社會的步調太快，而每個人的任務也很繁重、瑣碎。但多數時候，不是因為外部事情瑣碎，而是網路的誘惑，讓我們很難集中精神處理眼前的任務。所以，想

13	4	9	16	15
7	19	23	14	12
10	24	21	6	18
2	20	25	22	3
17	8	5	1	11

【圖1-5】舒爾特方格

提高專注力，不妨嘗試挑戰每天斷網兩小時，此舉不是要你遠離任何電子產品，回歸原始狀態，而是把握關閉網路的兩個小時內專注當下，至於要在什麼時間斷網、斷多久，則根據自己的情況調整即可。

在堅定「兩小時挑戰」的兩個月裡，我讀完了十本書，且每一本都認真做筆記。在兩小時中抽出一小時閱讀，靜下心與作者跨越時空交流，再用剩下的一小時反思、總結當天的閱讀成果、整理閱讀筆記。

如果時間允許，你願不願意從今天開始嘗試斷網兩小時呢？

擺脫手機的綁架，擁有更多時間和健康

沉迷手機有3大主因，你是哪一種？

智慧型手機已經成為人們日常生活中的配備，豐富的應用程式滿足著人們的需求，甚至創造人們的需求，是越來越便捷的資訊獲取管道，讓人們不出門能閱遍天下事。手機原本是用來幫助我們的工具，如今卻成為人生不可忽視的絆腳石。每天起床後還沒洗臉，便熟練地掃過幾則臉書貼文。吃飯時看手機、等車時看手機、上廁所不拿手機都覺得少點什麼，睡覺前一滑手機就停不下來，放下手機感覺像是拋棄全世界。

貪圖享樂的我們正遭受沉迷手機帶來的痛苦：黑眼圈加深、視力快速下降，甚至導致頸椎疼痛，不但傷害了身體，還浪費掉大量時間。但為什麼明知過度依賴手機卻無法改變呢？原因有三個：不清楚利弊的多寡、刺激和干擾源過多和習慣的束縛。

1. 不清楚利弊的多寡

每當對一件事堅持不下去時，我會在紙上寫下這件事帶來的所有好處。同理，擺脫對手機的依賴也一樣，我嘗試列舉出擺脫它的好處：

(1) 避免眼睛過度疲勞。

(2) 避免讓腰椎損傷加劇。

(3) 拿回更多的時間閱讀、寫作、陪伴家人。

(4) 贏得更多睡眠時間，恢復體力和精神。

(5) 減少干擾、提高注意力。

列舉得越多，我就越有動力。當真正明白手機帶來的危害，看清擺脫手機帶來的好處後，便開啟我的改變之旅。

2. 刺激和干擾源過多

聽到一聲line訊息通知便放下手邊的工作，收到一則App推播便忍不住查看手機，你心裡想只是看一眼，但往往拿起手機就難以放下。多數人使用手機是為了滿足社交和獲取資訊的需求，雖然每個人的需求不同，但可以粗略分成時間、溝通、閱讀、學習、工作和娛樂的需求。

時間需求只要買支手錶便能減少對手機的依賴。溝通需求可以提前設置重要親友的提醒通知，或盡量以通話聯絡。閱讀需求則有 Kindle 或其他電子軟體可替代。工作需求比較棘手，但可以在工作時關閉其他無關的訊息通知。

此外，睡覺時不要把手機放床頭，設置較為複雜的鎖屏方式，增加解鎖的難度。另外，出門不要帶行動電源，遏止自己使用手機的衝動，並刪除多餘的 App 等。

3. 習慣的束縛

現在由過去組成，或者說由習慣組成。改變是與壞習慣鬥爭的過程。你每天用手機背單字、閱讀書籍，會感到不安嗎？不，一般人應該會覺得開心吧，因為這是做對自己有益的事情。人們的不安、焦慮，是源自對娛樂需求的過度滿足，如追劇、滑臉書、看朋友動態，包括和陌生人閒聊都屬於娛樂需求，正因為發覺在這些事情上花費大量時間，產值卻極低，所以渴望改變。

當習慣養成，改變就不再是一件簡單的事，壞習慣如此，好習慣也是。杜希格在

《習慣的力量》（*The Power of Habit*）一書中提出「慣性迴路」這個詞，此模式由三個階段組成，分別是提示、慣性行為和獎賞。

若使用手機已經成為習慣，那麼是什麼提示去觸發這個行為？很多人會說只是無聊想打發時間，這便是「提示」，玩手機則是「慣性行為」，而使用後感受到的片刻放鬆，是這個行為獲得的「獎賞」。改變的關鍵就在替換慣性行為。如果尋求放鬆、想打發時間的需求不能被忽視，其實除了手機，還有更合適的宣洩方式，像是運動。不過，很多時候並不能滿足每個人對娛樂的需求，所以改變的過程才異常困難。

有想打發時間的念頭多半是因為沒有目標，這時不妨培養一個興趣，尋求替代品，便能有效減少花費在娛樂需求上的時間。我的興趣是寫作，所以把追劇的時間用來打字，拿滑臉書的時間修改初稿，將那些低產能的時間運用得更加有意義。

改變確實很困難，但唯有改變才可能成功。誠如作家三毛所言：「偶爾抱怨一次，可能是某種情感的宣洩，也無不可，但習慣性地抱怨而不謀求改變，便是不聰明的人了。」

記錄一週生活，找出拖延的原因

先找出問題再求改變

什麼是自律的人？在我看來，自律的人能抵禦各種誘惑，而且說一不二，沒有拖延症，可以主動掌控生活，而不是被生活推著走。

每個人拖延的原因不盡相同，或許是恐懼工作、被手機困擾、被壞習慣牽絆，說不定還因為失戀而整日情緒低落，影響工作效率。所以在改變之前，不妨先用心觀察自己一週，把每一次導致拖延的原因都記錄下來，在這週內，先不要急著做任何改變，如實記錄現有生活狀態就好。以我為例，按照此方法，一週過去後我發現自己存在以下問題：

(1) 睡前瘋狂刷社群，經常到晚上十一點還在玩手機，沒有早睡的念頭。

(2)早晨鬧鐘響起後，不自覺賴床。

(3)沒有計畫時總是發呆，有計畫時又有抵抗情緒，所以持續拖延（看手機、睡覺、磨蹭）。

(4)在綜藝節目上耗費過多時間，一度到「綜藝荒」的程度。

(5)睡前喜歡吃零食，十點以後還叫外送。愛吃辛辣，導致睡眠中時常腸胃不適，而嚴重失眠。

總結問題後，我發現了自己不能自律的原因有三個：缺乏必要規劃、誘惑過多、精力不足。因此我得出一個心得：我的一切改變都必須圍繞這三點進行，所以想變自律得視每個人的實際情況做調整。

分析自己拖延的症狀，對症下藥

症狀一：缺乏必要的規劃

週末時如果沒有明確的計畫，會忍不住偷懶，不是睡到自然醒，就是看電影和綜藝節目，一眨眼便到週一，什麼正事都沒做。觀察一週後，我發現自己常常處在不知道該做什麼的狀態，或者對待辦事項有明顯的抵抗情緒，遲遲不願意行動。

▼▼解決方法：善用日程計畫表、目標拆分法。

不知道做什麼比較容易解決，寫下日程計畫即可，它類似學校的課表，雖然很制式，但對我的幫助極大。此外，還有用來打發時間的備選清單，列出可消磨時間但不耗費腦力的事，例如：整理電腦資料、刪減手機相簿、刪除不聯繫的社群好友、打掃、整理衣櫃等等。當無事可做或太累想休息時，便可以做一些簡單的事情，雖然產能會變低，但比起習慣性刷社群、看綜藝節目，不失為一個好的解決方法。備選清單上的事項只需要三到五項就好，避免因為選擇焦慮而浪費更多時間。

抗拒待辦事項比較棘手，我經過觀察，發現問題在目標過大，缺乏分解步驟。像是我最早的計畫表只寫上「新書定稿」，然而目標太大、執行困難，便會感到無從下手，所以不自覺想偷懶。很多時候，找到問題所在，解決方法就呼之欲出——**將大計畫拆解成小計畫，讓目標更容易完成，雖然還是同一件事，但抵抗的情緒會少很多。**

症狀二：被過多的誘惑牽制

剛進大學就聽學長說宿舍並非適合學習的地方，但我偏不信，整天窩在宿舍裡，以為能按部就班地學習與閱讀，但最終現實告訴我：很傻很天真。宿舍的誘惑實在太多，室友打遊戲、聊天，甚至是默默追劇都會影響我。獨居以後，雖然沒有室友的干擾，但誘惑依舊沒有減少，其中最大的敵人就是手機、平板。

我是喜劇《武林外傳》的鐵粉，每天下班回家會習慣打開平板看上一集。吃飯時邊看綜藝節目，往往三十分鐘內可以吃完的晚餐，都要耗費掉一小時，若是看電影，就又多浪費一小時。

▼▼**解決方法：創造良好的學習環境。**

當我們想完成一項需要專注的工作時，不妨試試將手機放遠一點並關掉網路。我在寫作時，會關掉line和臉書，避免外部的干擾。工作時絕不趴在床上，避免情緒上的懈怠而效率低下。既然有事物會偷走注意力，就一定有能幫你找回注意力的工具。例如勵志的海報、提醒的鬧鈴，或使人專注的時間管理App。

症狀三：精力不足

上班前鬥志高昂地計劃一大堆想做的事，比如更新社群狀態、參加讀書會、搭高鐵到外縣市旅遊等等。下班後卻感覺身體被掏空，什麼都不想做，只想癱在沙發上，任何花腦力的事都不想做。但是，早早去睡又覺得可惜，我和多數人一樣，熬夜更像是習慣。白天沒時間娛樂，所以想看一集電視劇再睡。我們為睡眠預設了太多條件，以為晚睡就能做更多有意義的事情。但如同紀元所言：「每一個聲稱太早睡是浪費時間的人，第二天早上比誰都喜歡賴床！」

▼▼解決方法：早睡早起。

良好的時間管理讓每一天變得井井有條，而優秀的精力管理支撐你以更飽滿的熱情去迎接挑戰。除了早睡早起，還要運動，無論是跑步、伏地挺身、深蹲、棒式都行，只要動起來就是改變。如果時間充裕，約好友一起出門逛逛商店街、吃頓大餐，有好看的電影就買票去看，會工作也要會休息。改變不可能一蹴可幾，自律需要長期的堅持和改進，雖然過程辛苦，但如果不踏出第一步，永遠會在原地打轉。

重點整理

- ☑ 雖然人們把重度拖延的情況稱為拖延症，但它本身並不是一種疾病，我們只需學著擁抱拖延症，在熟悉它的過程中嘗試改變。
- ☑ 表面看來拖延症浪費掉的是時間，實際上是錯過成長的機會。
- ☑ 培養行動力有助於擺脫拖延症，但一開始不要急著制訂完美的計劃，不妨從養成「微習慣」開始。
- ☑ 沉迷手機有三大主要原因：不清楚利弊的多寡、刺激和干擾源過多，以及習慣的束縛。
- ☑ 每個人拖延的原因不盡相同，所以在改變之前，不妨先用心觀察自己一週，把每一次導致拖延的原因都記錄下來，先不要急著做任何改變。

NOTE

人一生中需要許多技能，一部分是專業能力，讓你在職場中站穩腳步；另一部分則是基礎技能，學會這種能力，能更加適應生活和工作，進而產生複利效應。時間管理就是這種基礎技能之一。

第二章

你習慣本能的過一天，就會平淡過一生……

工作忙不過來，沒時間做自己喜歡的事怎麼辦？

為什麼你總是沒時間

很多人每天為工作東奔西走，拿著微薄的薪水，沒時間做自己真正想做的事。沒時間吃午餐、沒時間運動、沒時間讀書、沒時間回家探望父母、沒時間……。這樣的生活，意義在哪？意義是個大哉問，也沒有固定的標準，每個人追求的意義不同，討論意義難免有失偏頗。

人們習慣把沒時間掛在嘴邊，但魯迅說過：「時間就像海綿裡的水，只要願意擠，總還是有的。」對多數人而言，工作內容還沒有到需要擠時間的程度，所以並不是沒時間，而是習慣逃避那些看起來不輕鬆的事情罷了。

世界第八大奇蹟——複利效應

愛因斯坦把複利效應稱為「世界第八大奇蹟」。複利是經濟學領域的知識，例如：當你有一筆五萬元的存款時，放在銀行以單利形式按年利率一〇%計算，七年後本金加利息一共是八萬五千元。但若以複利計算，在相同時間、相同年利率的情況下，本金加利息總共是九萬七千元。單看本金，複利便多出單利一萬二千元，幾乎翻一倍。

如果將存款時間延長或增加本金，抑或將年利率提高，複利的效果就越明顯，累積達到某種級數後，便會倍數增長。倘若一個人的知識、經驗、技能都遵循複利效應，學習越快就能越早收益，便可以更快感受到複利的神奇效果。

因為複利效應的本質是不斷加強的過程，事情A導致結果B，結果B反過來加強A，如此循環往復，呈現螺旋式的快速反覆運算形態。**對於時間管理，大家越早接觸越快掌握，回報也會更大。**

進入時間管理的4.0階段

時間管理是什麼?標準答案是:事先規劃,並運用一定的方法和工具有效利用時間,以實現個人或組織的目標。時間管理發展到今日已經正式進入4.0時代。

1.0階段的時間管理聚焦當下,目的是讓使用者記得待辦事項,避免遺忘。2.0階段人們開始有意識規劃未來,於是出現週計畫、年度計畫,此階段衍生出許多時間管理的工具。3.0階段加入重要性原則,不再是一味完成工作,而是學會取捨,果斷放棄不重要的事情,並根據事情的輕重緩急合理分配,在有限的時間提高工作效率。

現在,我們正處於時間管理的4.0階段。時間管理看似過時,因為人們更傾向精力管理、個人管理,追求個人價值的實現,但它作為個人管理的基礎,仍然很重要。**時間管理是幫助人們成功的手段,也是達成某項目標的催化劑。**懂得它並不代表能取得成功,但一定會增加成功的機率。

時間管理的6大常見誤區

學習時間管理固然好，但有些人把它看得太重，過度追求管理時間的技巧與方法，反而忽略個人目標。比起什麼都不懂，更糟糕的是腦海中存在大量的錯誤認知，方向錯了，行動時就可能鬧笑話，所以**學習任何理論的第一步，是先把原有認知中的錯誤認知，也就是誤區的部分徹底清除。**時間管理最常見的誤區有六個，消除它們才能認清時間管理的本質。

1. 時間管理是為了完成更多工作

其實，多數人還談不上必須擠出時間工作，時間管理可以有效幫助人們提高效率，但不是把人打造成工作機器。可惜很多人的每日計畫安排，從早到晚全是任務，沒有半點休息時間。若沒有極強的自制力，這種計畫多半落實不到位。要知道，在快步調的社會裡，會休息也是本領。

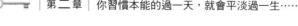

3. 做計畫浪費時間

針對這個問題，我特意記錄近一週做計畫的時間用量，以及每天睡前花在記錄和反思的時間。統計的結果是每天花十二分鐘制訂計畫與反思，其中五分鐘做一天的計畫，用七分鐘反思一天的工作。比起毫無計劃地浪費時間，這十二分鐘絕對是性價比很高的投資。

4. 忽略執行的重要性

做計畫確實需要時間，每年大家在社群裡曬年度計畫，但仔細觀察後會發現，今年的計畫去年已經寫過，而去年的計畫在前年就構思好。這些年度計畫不過是機械性地重複，帶來的幫助卻有限。

哪怕制訂計畫只花了一分鐘，沒有實踐同樣是浪費時間。計畫是為了執行，但有多少人沉迷於完善的計畫，卻忘了要行動？職業生涯規劃師古典曾這樣描述這些人：「他們被統稱為『開始愛好者』，很會制訂計畫，享受做計畫帶來的興奮感，但僅僅停留在制訂計畫，不願意開始行動。」

5. 所有事物都一樣，但每件事消耗時間的方式迥然不同

我們做的任何事都以時間為載體，但不一樣的是，不同事情消耗時間的方式迥然不同。例如很多朋友說喜愛寫作，但就是沒時間。把寫作程序的結構拆解一下，從思考、成文，再到發布，一篇文章至少經歷六個環節：確定主題、搜集素材、寫大綱、產出內容、檢查修改、排版發布。

寫大綱、產出內容的環節，都需要有相對連續而專注的時間，但搜集素材、檢查修改、排版發布等，僅需要零碎的時間，若安排在完整的連續時段做就是浪費時間。學會思考各類事情的所需時間，拆解每一個環節，安排在適合的時段執行便是時間管理追求的目標之一。

6. 忽略精力管理的重要性

時間管理固然重要，但缺少精力管理輔助，也難以發揮它的作用。很多時候，計畫很完美，但身體狀態很差，便會力不從心。

每天都是二十四小時，但人的狀態會不停波動，人人都有屬於自己的生理時鐘，

找出它並與時間管理結合應用，便能產生意想不到的效果。丟掉這六大時間管理的誤區後，改變才算正式開始。

時間日誌的神奇之處

1. 時間管理讓生活更美好

有人說時間管理是為了提高工作效率、提升計畫品質，這些確實都是它的功用，但其實時間管理是為了挪出更多時間去做自己想做的事，把生活過得更好。要系統性地學習時間管理，就要先學會記錄時間，製作出時間日誌，像記帳一樣記下你耗損的時間。**時間日誌的魅力在於它能打破一切的假象，揭開人的理想與現實之間的差距。**

總說忙，但時間日誌會告訴你，你根本不是忙，只是不會管理時間。如果你已經做得夠好，時間日誌仍會忠實反映所有欠缺的細節，告訴你可以改進的地方。詳實記錄時間是時間管理的基石，幫助個人理清時間的利用狀態，發現潛藏的時間黑洞，並針對遺漏或缺乏的部分來改進。做到精益求精，才能不斷提高管理時間、管理自我的能力。

前蘇聯昆蟲學家、哲學家、數學家柳比歇夫（Alexander Lyubishchev）畢業於聖彼得堡國立大學，一生寫下七十餘部學術著作，範圍從統計學、生物分類學到昆蟲學等。業餘時間他研究跳蚤的分類，還撰寫不少科學回憶錄。各式各樣的論文和專著，他一共寫滿一萬兩千五百張稿紙，即使對專業作家而言，這也是很龐大的數字。柳比歇夫每天都會詳細記錄自己利用時間的情況，無論工作、吃飯、休息，或只是寫一封信這種小事通通都會記下來，這個習慣他持續整整五十六年。對一般人而言，堅持記錄五十六年確實很難，但是堅持一週、一個月還是可以達成。

2. 連續且真實的記錄是訣竅

記錄時間其實有訣竅，多數人的生活都有規律，一週就是一個小循環，記錄一週時間的利用情況，就足以發現許多問題。例如：一名大學生根據課表連續統計一週的時間消耗情形，就能為整個學期的時間調配訂定合理的計畫；一名工作者若近期的工作內容沒有太大變動，連續統計一週後就能針對某段時間做計畫表，直到工作內容變動時再統計一次。

當然，無論是一週、一個月或一年，都必須是客觀、具體、可量化。比如每天有多少時間用在工作上、花在三餐上，此外，交通和娛樂又個別佔用多少時間。只有徹底理清這些數字，才能體現時間管理的魅力。若資料虛假，即使用再先進的分析方法，所獲得的結果與結論也一定存在差異。別欺騙自己，你的時間日誌是給自己看，如實記錄才能真正蛻變。

每天最重要的是哪3件事？「三隻青蛙」告訴你

別急於制訂年度計畫，先從日計畫開始

有多少人是這種狀態？堅持寫日記，算了，還是堅持發社群動態吧。計畫讀十本書、九本，要不乾脆八本吧，還是一本就好。很多人的年度計畫更像一張夢想清單，充滿看起來很美好的目標，卻沒有詳細的落實辦法，最後也只是假裝很努力而已。等到計畫失敗，挫敗感在心裡蔓延開來，最終變得沒自信。不是說年度計畫沒用，而是大部分人在沒有相關知識背景的情況下，制訂年度計畫的能力還不足夠。

對時間管理的初學者而言，與其一開始就制訂年計畫，倒不如把精力放在日計畫、週計畫上。日計畫有兩種常見的形式，第一種叫「臨時清單」，第二種叫「日程計畫」，前者只是一堆待辦事項，並沒有指定具體的完成時間，甚至有些事項在隔天早晨評估後就會直接捨棄，後者像學校的課表一樣，詳細規定每項任務的起訖時間。

臨時清單更像是瑣事清單，是日程計畫的原始素材。如果不加以篩選，一味處理臨時清單，便會發現自己被各種瑣事綁架，生活忙碌不堪，但個人提升卻十分有限。大部分人面對計畫的心態，都是優先選擇簡單的事情做，導致重要的事情不斷延遲，最終影響到工作的進度。時間於一次次推遲中流逝，在懊悔中消失。制訂計畫的終極目的是將時間、精力聚焦在更有價值的事情上，因此關於瑣事清單的規劃，強烈建議學習「三隻青蛙」這個好用的時間管理工具。

時間管理的經典方法——三隻青蛙

「三隻青蛙」是什麼?它是指我們每天（或週、月、年）最重要的三件事。這是美國作家崔西（Brian Tracy）的一個比喻，在他的時間管理著作《吃掉那隻青蛙》（*Eat That Frog!*）首次提出。

對於常人而言，每天做完最重要的三件事就擁有八〇%的效果，解決它們便大抵完成今日的工作，所以當你每天優先「嗑掉」這三隻青蛙，便可以避免把精力、時間浪費在不重要的事情上。不過，多數人對「三隻青蛙」的瞭解，僅停留在列出三件事，就像以下這三位的三隻青蛙清單：

小A的今日三件事：吃飯、喝水、睡覺。這種自欺欺人的三隻青蛙，是不夠負責任的列法。

小B的今日三件事：閱讀、鍛鍊身體、上課。雖然小B的三隻青蛙比小A的正式，但是不到位的思考對執行計畫的幫助依舊有限。

小C的今日三件事：閱讀《〇〇〇》書籍五十頁、鍛鍊身體（跑步五公里）、整理衣櫃。小C的計畫明顯比前兩者詳細得多，而且目標具體，執行起來便能更順暢。

所以，挑選和制訂「三隻青蛙」的第一步是讓目標具體且可量化。但如果每天一開始就挑戰最困難的任務，會讓人感到壓力。這時可以先從小事做起，先完成幾件簡單的工作，將大腦充分調動起來，進入狀態後再投入「三隻青蛙」的挑戰當中。

很多人可能會疑惑，每天我們要做的事情那麼多，三件事肯定概括不完，其他的事情又該如何處理呢？

崔西還介紹另一套時間管理方法——ABCDE法則。和每天確定三隻青蛙一樣，開始工作前花一點時間根據任務的輕重緩急做安排，確保能夠優先處理最重要且有價值的事情。

也就是說，三隻青蛙的重要三件事等級是「A」，完成後便可以著手處理B級任務。完成不了時也別著急，加入第二天的清單，直到全部完成或選擇性捨棄。完成三隻青蛙耗時耗神，因此需要零干擾的時段和環境。例如：早起或提前半小時到公司，並關掉手機、忽略電子郵件，在規定的時間內盡可能吃掉最多青蛙，對一切浪費時間的事情說不。

當別人打擾你時，請學會說「不」，如果事情不緊急，就告訴對方「我現在很忙，我會主動聯繫您」，然後於今日待辦清單加上一條：聯繫〇〇。等到完成三隻青蛙的挑戰後再去處理。時間有限，如何把時間用在刀口上便是時間管理的重要課題之一。**浪費時間並不可怕，真正可怕的是浪費藏在背後的機會。**總之，想有效率利用每一天，朝清晰的目標邁進，就必須是執行日計畫的達人。

用「九宮格日記」，就能好好規劃每一天

為自己量身訂作九宮格日記

若只能推薦一種時間管理工具，非九宮格日記莫屬，這是由日本作家佐藤傳發明的。我起初接觸九宮格日記時，按照佐藤傳提供的範本，將一天細分為：開心的事、為他人做的事、計畫、比起昨天的進步、健康、昨日夢境等。

實踐一段時間後，我發現很多格子根本用不到，像是昨日夢境，因為我的睡眠品質不好，雖然經常做夢，但每次醒來都會忘記夢的細節，所以這一項對我毫無用處。

最後我根據自己的實際情況，把我的九宮格日記分成以下九大類：三隻青蛙、健康狀況、人際溝通、閱讀寫作、日期天氣、財務管理、小確幸、錯題本、今日腦洞。

「日期天氣」放置在九宮格中間的醒目位置，寫下日期、天氣、心情等資訊。

「三隻青蛙」中每天早上寫下一天中最重要的三件事。「人際溝通」記錄每天見什

麼人、和誰吃飯、與誰通電話、今天誰幫助我、我幫助了誰（畢竟常懷感恩之心的人，運氣不會太差）。「財務管理」因為字數的限制，只記錄收入、支出、盈餘的基本情況，而詳細內容我會再用記帳軟體完成。至於「今日腦洞」是用來記錄有趣的想法和寫作靈感。

九宮格日記的最大好處，是幫助我們更全面地規劃每一天，讓生活更加豐富多彩，而且九宮格日記本身就是一個良好的提醒機制。

三隻青蛙	健康狀況	人際溝通
閱讀寫作	日期天氣	財務管理
小確幸	錯題本	今日腦洞

【表2-1】九宮格日記

九宮格日記＝有力的提醒機制

觀察每個人的年度目標就能發現，很多計畫的難度並不高，只需要幾天，甚至幾小時就能搞定，沒能實現計畫只是因為我們忘了。例如做一本全家福相冊、帶父母看一場電影等，非常容易執行。

此外，人類的腦容量有限，不能同時儲存太多目標，需要定期翻閱才能牢記。當你的目標很多，便需要設置一個提醒機制，比如將目標寫下來，貼在醒目的地方，或在手機上設置提醒。這時九宮格日記就發揮功能了，例如晚上拿出九宮格日記時，會發現很多事情未完成，便要及時做調整。例如：我某天偷懶沒健身，在九宮格日記上的「健康狀況」欄便會空著，這能有效提醒我盡快做出調整，哪怕時間再不夠，也要做上二十次伏地挺身才安心。

接下來介紹我自己非常喜歡「錯題本」和「小確幸」這兩欄。前者幫我反思自己，後者記錄生活的美好點滴，寫下每天開心的事，幫助我們發現身邊的幸福。

建立人生的錯題本

曾子曰：「吾日三省吾身。」小時候被老師要求在錯題本上改錯，但長大後沒人約束就丟掉這個好習慣。細心的人一定會發現，如果沒有記錄和反思，自己極易重複犯同樣的錯誤，雖然記錄並不代表不再犯錯，但可以大幅降低犯錯的機率。

根據德國心理學家艾賓豪斯（Hermann Ebbinghaus）提出的遺忘曲線（forgetting curve），在人們吸收資訊的同時，遺忘也隨即啟動，想要消化所學的知識，必須及時對所學知識複習以鞏固記憶。錯題本的功用就在督促思考，回顧一天的經驗作為教訓，推動自我朝更好的道路。

打造幸福生活的「小確幸」

村上春樹買回剛出爐的香噴噴麵包，在廚房裡一邊切片、一邊抓食麵包的一角，這就是屬於他的「小確幸」。小確幸是指那些微小而確實的幸福，廣義上也包含一切令人開心的事情。有人說生活中的小確幸就是：摸摸口袋居然發現有錢；到電梯門前，電梯正好到達你的樓層；手機響起發現是你正想念的人；你猶豫要買的東西降價了。這些是生活中微不足道的小幸福，卻的確存在於生活的每個瞬間。

抓住它們並填進九宮格日記中的「小確幸」欄，記錄下這些簡單的美好，發現生活中的美妙。美國心理學家一項研究表明，如果一個人的日記充滿感恩、幸福的正向內容，堅持記錄兩個月後，心態會更加積極、減低焦慮、加快入睡、睡眠的時間更長。

綜合以上，有了九宮格日記後，會有意識地避免流水帳日記，並從九個維度去分析得失，進而實現個人的協調發展。

週計畫不難，一張表格輕鬆搞定

你訂的是年度清單還是夢想清單？

時間不等人，再合理的時間管理也抵擋不住歲月的流逝。還記得年初在朋友面前發下的豪言壯語嗎？記得春節前你記在手帳本的詳細年度清單嗎？計劃讀完一百本書的你，現在看了多少？計劃每天跑步都堅持下來了嗎？

這些一開始寫下的清單，根本稱不上年度清單，更貼切的說法是夢想清單。甚至有些人的夢想清單還是別人的，因為看別人跑步而在清單中加上「跑步」；看人計劃旅遊便也加入清單，最終這個計劃清單只是羅列他人夢想的組裝品。

年計畫不能落實的最關鍵原因是統籌規劃的能力不夠，甚至連制訂月計畫都難。凡事欲速則不達，不妨先查看你的每日清單，達成率有多少。首先，能準確預估待辦事項的所需時間嗎？當有足夠的能力完成時，恭喜你，可以開始制訂週計畫了！

週計畫是年計劃的方向盤

什麼是週計畫？就是規劃一週的事項，比日計畫更關注整體。日計畫著重每日清單的完成度，週計畫則可以思考每週的產出收穫。以開車舉例，年計畫猶如確定目的地；月計畫如同GPS導航，擇最優路線行進；週計畫可以看成方向盤，不停地修正方向避免走偏；日計畫是油門，因為好的每日清單能讓自己快速到達目的地。比起執著完成日計畫，將眼光適度放遠到週計畫，有助於看清大局，做到心中有數。如何制訂週計畫？方法很簡單，先製作一張表格，把週計畫分成四個部分。

1. 週碎片清單

花十分鐘寫下這一週你準備做的所有事情，想到什麼就寫什麼。但一定要是發自內心渴望，不能是他人的提示或願望。若你對某件事的渴望程度不夠，也就可以預見日後會以失敗告終。寫下來以後，根據優先順序刪除次要、無關緊要的計畫，因為很多人時常抱怨沒時間，但其實是被一些瑣碎的小事浪費掉。

現在請為這些待辦事項計算所需的總時間數，並替每一件待辦事項預估需要的番茄鐘數，計算完成它們的總體時間。例如：每週讀一本小說，打開書看一下頁碼總共三百頁，那麼一週內每天要讀四十五頁。閱讀四十五頁需要多少時間？這沒有標準答案，還是老方法，記錄時間日誌看實際需要多久。我大概得花三十分鐘，也就是我每天需要一個番茄鐘來完成它。

如果一天睡八小時，每週可支配的時間有一百一十二小時，也就是兩百二十四個番茄鐘。然後去除三餐、洗漱、交通等固定項目的時間消耗，算出還剩下多少番茄鐘，這些就是真正每週可以利用的時間。

此時，將每週「可利用時間」與「完成待辦事項所需時間」比對，如果前者大於後者，那麼只要按照既定計畫完成目標即可，但當後者大於前者就必須調整計畫，可以刪除待辦事項的數量，也可以壓縮完成時間，但要適度。

2. 三隻青蛙欄位

週碎片清單是要計算待辦清單的時間用量，但每件事的緊急和重要程度不同，把刪減後的週碎片清單按照時效合理分配。緊急任務安排在一週的前幾天，而將閱讀這

周碎片清單		三隻青蛙			娛樂項目	反省區		
	星期一							
	星期二							
	星期三							
	星期四							
	星期五							
	星期六							
	星期日							
打卡區	星期一	星期二	星期三	星期四	星期五	星期六	星期日	總完成度
完成度								
未完成原因								

【表2-2】制訂週計畫表

類長期行為平均分配即可。在三隻青蛙的欄位後，我特意加進「娛樂項目」欄，讓我每天不再害怕三隻青蛙的挑戰，因為我知道每天都有愉快的事情在等著我。

很多人都有制訂計畫的習慣，但是不少人會陷入誤區，完成既定計畫後繼續工作。這樣不是更好嗎？不，這是在破壞信任。

開始工作前，設定完成表上的事項就算大工告成，以此來激勵自己，但完成後又繼續工作，久而久之，時間管理體系的獎懲機制便會失效。正確的做法是完成預定計畫就立刻停止，去運動或者陪家人聊聊天。有這種信任，才會避免過度工作，也不會養成懶惰的習慣。

3. 打卡區

為每天計畫的完成度打分數，全部圓滿甚至超額完成就獎勵自己一下，達成度不高則要記錄未完成的原因。

在我的打卡系統中，只要三件事圓滿完成就會給自己八十分，如果額外的事情也做了，就自信地打一百分。要學會鼓勵自己，不要對自己那麼苛刻。少完成一件就扣二十至三十分，並在反思欄寫明未完成的原因，究竟是目標不切實際還是執行力差，抑或是對意外事件考慮不周。理清楚這些，才能為下一步行動打下堅實的基礎。

4. 反省區

從一週的角度評估清單完成度，哪裡不足或需要改進，有反省才能加速成長。有個訣竅分享給大家：注意每一次的意外事件，仔細研究其實都有規律可循。若文章的點閱率激增，說明這篇文章一定有可取之處，從中總結有益的資訊，甚至去觀察點閱率暴跌或有很多差評的文章，進一步思考不足之處，揚長補短，推動自己進步。

什麼時間制訂週計畫？最好在休息日，並評估上一週的計畫清單，看完成度如何，沒完成的原因是什麼，避免重犯此類錯誤。再抽空半小時制訂下週的計畫，每週一小時就足夠。根據需求有所取捨，適合自己的才最好，不適合自己的計畫清單反而阻礙成長。

務必善用「時間碎片清單」，才能擁有更多自由

越自律，越自由

這幾年，每個人都在談自律，有關自律的文章數不勝數，人們欣羨那些自律的人，卻又一再被惰性打敗。越自律越自由，自律等於學會克制，就是不做不緊急也不重要的事情，減少那些緊急卻不重要的事情，把更多的時間、精力用在對自我成長有幫助的事情上。自律看似制式，但唯有學會自律，才能獲得真正的自由，因為自律的人也一定是會生活的人。

籃球運動員科比（Kobe Bryant）退役時，很多人跟著傷心。有名記者詢問科比如何獲得成功，他卻反問：「你知道洛杉磯凌晨四點鐘是什麼樣子嗎？」記者感到莫名其妙，科比說：「滿天星星，寥落的燈光，行人很少。早上四點洛杉磯仍籠罩在黑暗中，我已起床行走在黑暗的洛杉磯街道上。一天過去，清晨的洛杉磯沒有改變，又

兩天過去，它依然沒有半點改變，十多年過去，洛杉磯凌晨四點的黑暗依舊沒有絲毫改變，但我卻已經成為肌肉強健、高投籃命中率的運動員。」

人們以為自律很難，是因為沒有體驗到自律後的愉快生活。自律把科比的事業推向巔峰，也讓每一位喜歡科比的人看見自律的力量。自律不是炫耀的資本，而是每一位成功者必備的素質。

時刻保持自律是件困難的事情，但製作一張「時間碎片清單」，人人都可以在短期內學會。利用碎片時間不是為了時時刻刻工作，而是將省下的時間留給自己、平衡工作和生活的關係。它猶如指南，指引我們下一步要做什麼、應該做什麼，減少選擇的損耗。

自律達人的必備工具——時間碎片清單

制訂時間碎片清單得從時間碎片說起，什麼是時間碎片呢？**在工作和生活中，提前完成某件事以後剩下的時間，就叫時間碎片。**通常不超過十五分鐘，且多半是因一些意外而造成，難以精準安排。例如：等公車的時間、約會雙方遲到的等待時間。這些時間碎片不在你的計畫之中，卻是分配時間的重要因素，掌握它便能創造更多時間。

很多人常一邊抱怨時間不夠用，一邊滑朋友的動態消息，一邊焦慮一邊看新劇，稍不注意，就這樣損失了大量時間。在那些看似瑣碎的時間，可以做的事情其實很多。一分鐘能做什麼？可以發呆、滑臉書、發一則貼文、打通電話、回覆訊息，處理一封郵件、做二十下伏地挺身……。別小看這一分鐘，好好利用便能處理很多事情，浪費抑或妥善利用全看自己的選擇。每天節省一分鐘，一年就是三百六十五分鐘，多達六個小時，足夠閱讀一本書了。

每個人的時間碎片清單都需要經歷多次調整。第一次製作時，你會發現一分鐘能做的事情很多，於是事無鉅細地羅列，看起來毫無重點，整份清單變得很龐雜。接著在執行過程中掉入選擇的煩惱裡，等確定好做哪件事後，時間卻已經所剩無幾。

第一步：學會精簡

有一分鐘的時間就用來活動身體和記帳，三分鐘可以打電話給家人、做伏地挺身、收拾桌子一角，時間碎片越長，選擇越多，但都必須在可控的範圍內。

清單中也加入半小時及四十五分鐘，嚴格來講，這樣的時間長度已不算時間碎片，列出來是考慮遇到特殊情況時，不至於自亂陣腳而浪費時間。例如飛機一旦延誤，極容易多出三十分鐘以上的時間碎片，這時如果你沒有計畫，時間碎片清單可以幫助你快速做選擇。

第二步：賦予時間碎片情境

如果一分鐘、三分鐘聽起來很模糊，那麼設計出情境應該會更加清晰。思考一下，你的時間碎片都有哪些特定的情境？比如記帳，從打開手機軟體到記錄完成，通常不到一分鐘，因此不妨設為在等電梯的時候記帳。

總之，避免時間碎片清單無效的方法有兩種：①減少待辦事項的選擇。②賦予時間碎片情

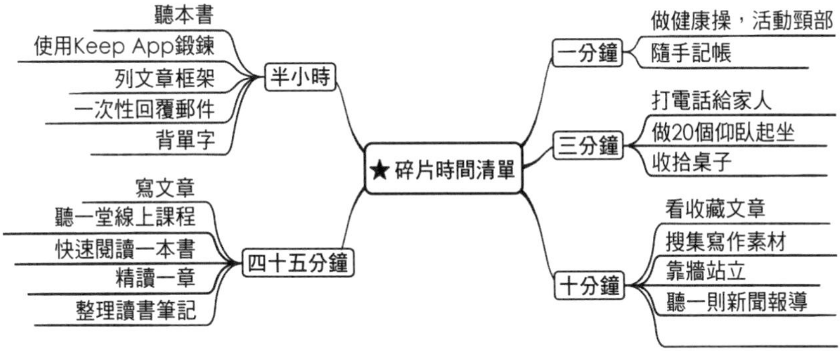

【圖2-1】碎片時間清單

境。唯有如此，執行時間碎片清單才會更有效率。

時間碎片清單能帶來豐富的收穫。不過，它僅是時間管理的輔助工具，在不知道要做什麼的時刻，為我們減少不必要的時間浪費，並非是要用盡生活裡的每一分鐘。

不要奢求制訂時間碎片清單後，每一次都可以完美執行，這份清單只是讓自己少點迷茫，往後再遇相同情境時，便能無意識地切換到不同的工作狀態中。

最後，別太高估自己的自控能力，適當的放鬆休息也是人生的一部分，再完美的計畫，能有七成以上的完成率就是非常不錯的成績。

5個實用的歸納法，減少雜亂帶來的時間浪費

小馬虎，造成大煩惱

有天早晨六點左右我被餓醒，於是起床去便利商店，卻發現找不到悠遊卡。翻遍錢包、背包、抽屜、衣服口袋，折騰了半小時仍一無所獲。原本計劃早起，把前天晚上沒讀完的書看完，這下全浪費在找悠遊卡上。想到卡裡還存有一百多塊錢，丟了挺可惜，便打電話給相關單位申請掛失。

讓人無奈的是，因為工作人員的疏失，悠遊卡資訊在登錄時輸入錯誤，所以等了很久還是查不到悠遊卡的下落。最後是請相關單位調出最近使用的錄影畫面，才發現是我遺落在乘坐的公車座位上，早已不知去向。

一次疏忽大意，不僅導致金錢的損失，又因為找卡而荒廢整個上午，心情盪到谷底。冷靜以後，我想起吉姆・蘭德爾（Jim Randel）寫的時間管理系列書籍，提過雜

亂之於時間管理的負面影響。

一名合格的時間管理人士，必須對時間的流逝保持高度敏感，得明白時間都用在哪裡，才能夠高效管理。

收納整理並非浪費時間

我有個朋友，算得上是收納整理控，其程度可以用「令人髮指」來形容。每次和他外出，總感覺被各種規矩束縛。發票必須按照相同的摺法，放在指定的位置；回到家就算急著上廁所，也要先把鑰匙放在指定的位置，才去解決生理需求。

起初我不能理解，覺得他根本是浪費時間，但有次在我發瘋似地找某個重要文件卻找不到時，他卻透過電話告訴我文件的位置，實在令人佩服。

流程化的生活會不會很枯燥？所有東西按照規矩收納會不會很麻煩？可是卻很高效。時間管理有個很重要的目的，就是把無效的時間浪費轉變為高效的時間利用。想避免錢包、文件丟失這類的意外事件，收納整理就顯得非常必要。

你想過自己為何總是丟三落四？除了生活習慣不好，還跟記憶力有關。哈佛大學心理學教授丹尼爾．沙克特（Daniel L. Schacter）把這種丟三落四統稱為「健忘」，是注意力和記憶臨界區域出現的故障。

在把鑰匙或文件放在一個地方時，大腦中主管記憶的區域會拍攝一張「快照」，把資訊儲存下來，但只有在注意力足夠集中時，「快照」才清晰。所以，如果放鑰匙的時候，注意力渙散，儲存資訊就容易出錯，也就不會記得鑰匙放在何處。

用5個實用方法，體會「越自律越自由」

如何減少健忘以及意外事件導致的時間浪費？不妨聽聽這些建議。

1. 做足學習和工作的準備

在開始工作、學習之前，檢查所需物品是否齊全，不要等到進入工作狀態後，才突然發現工具不在身邊。往往等找到後，思考也中斷了。所以，工作前的準備一定不能少。

2. 為每件物品分配區域

歸納整理看似繁瑣枯燥，卻很大程度減少意外發生的機率。例如：鑰匙放在門後或床頭收納盒，要用的時候直接找這兩個地方就好。

其次，要注意物品擺放的邏輯，類似的小物品可以集中放在一起。博學的人也往往是知識管理達人，他能記憶大量資訊，正是因為強大的知識歸納能力。

3. 及時分類處理

除了物品要按照區域分類外，資訊也需要分類處理。

很多人在網路上看到一篇好文章、有趣的笑話便收藏起來，覺得圖片很吸引人就立刻下載。時間長了，累積的資料一多，因為沒有分類歸納，等到得從這堆收藏中尋找想要的資訊時，已經不知道從何找起。

資訊超載已經成為很多人的煩惱，比較通用的分類法則是MECE法則❶，這個法則來自麥肯錫（McKinsey & Company）這間企業，核心要求便是確保各資訊之間沒有重複或遺漏。也就是對於一個重大的議題，能夠做到不重疊、不遺漏的分類，而且能夠藉此有效把握問題核心，並解決問題。

4. 定期清理刪除

每一週都要刪除多餘、無效、過時且重複的資訊。每週抽一些時間，將當週收藏的資訊做歸納與整理，在整理過程中將知識理解更透徹，並將重要資料備份起來，以免意外發生。

5. 接受現實，避免浪費更多時間

除了學會避免意外事件，還要提高處理意外事故的效率，避免面臨更惡劣的情況。短時間內人們很難提升專業技能，遇上突發事件依舊會笨手笨腳，但我們可以督促自己轉換心態。當意外來臨時，不再逃避、承認意外的存在，用更積極的態度去迎接挑戰，避免無意義地浪費時間。

❶ **MECE：**是Mutually Exclusive Collectively Exhaustive的縮寫，中文意思是「相互獨立，完全窮盡」。

雜亂不堪是高效的大敵，也是時間管理的阻礙，培養良好的生活習慣，便能有效避免意外發生。

古市幸雄在其著作《每天只要30分鐘》裡寫道：「人的行為多處於無意識的狀態下，簡單來說，就是你不經意透露出的習慣和癖好。你每天的行為模式，多數是你不知道或沒注意的情況下所產生的無意識行為。所以，你累積至今的習慣，實際上是刻印親友或周邊的人，多年反覆傳達給你的資訊，且在不知不覺中將這份資訊內化。因此，現在的你就正遵循著這套模式行動。」

簡單說就是，**人是習慣的產物，現在由過去的習慣累積而成**。令人感到放鬆、肆意、隨興的事情，是因為人們已經適應它。當事情逐漸變成流程化的操作，就不需要再耗費大量的注意力去完成。比如刷牙，小時候總是忘記，必須在父母的監督下才能按時完成，但長大後刷牙已經變成稀鬆平常的一件事，不再依靠外部力量監督，也不用花力氣想要按時刷牙。

同理，未來也將由現在的習慣組成，從現在開始，不妨培養更多的好習慣。或許現在很痛苦，但等習慣養成以後，便可以倚傍慣性的力量驅使，不僅毫不費力，還會持續朝積極的方向發展。到那時候，自然可以體會「越自律越自由」的巧妙。

找到屬於自己的生理時鐘，才能有效休息

人為什麼熬夜？

早睡早起，逐漸成為最難實現的自律，熬夜的人並不是睡不著，只是捨不得睡。究竟人為什麼熬夜？「因為一天的光陰又被虛度，我們總想利用剩餘的時光來填補空虛的內心。」這是我聽過最好的答案。

很多人熬夜是習慣，一種病態的「捨不得」。例如：手頭的工作還有一堆、白天沒時間娛樂、想看一集電視劇、跟閨密聊個半小時。總之，人們有各種各樣的理由拒絕早睡。我們能學習各類專業知識提高效率，運用諸多時間管理工具提高專注力，唯獨早睡早起，絆倒了不少通往自律道路的人。儘管大家都知道早睡早起的好處，但還是有人用「晚睡晚起心情好」的觀點來麻痺自己。

找到屬於自己的生理時鐘

二〇一七年諾貝爾生理學或醫學獎頒給美國三位研究「控制晝夜節律的分子機制」的遺傳學家，分別是霍爾（Jeffrey C. Hall）、羅斯巴希（Michael Rosbash）與楊恩（Michael W. Young）。什麼是「晝夜節律」？早在十八世紀，天文學家麥蘭（Jean Jacques d'Ortous de Mairan）就從含羞草的研究中發現「生理時鐘」的奧祕。他發現，含羞草的葉子在白天朝著太陽舒展，而黃昏則閉攏。麥蘭想知道如果把植物長時間置於黑暗之中會怎麼樣，結果發現，不管有無陽光，含羞草都繼續維持它們正常的晝夜節律，原來植物也擁有生理時鐘。

生理時鐘和身體健康息息相關，它負責調控一些關鍵機能，當生理時鐘紊亂的時候，各種疾病便隨之而來。經常熬夜的人，往往會安慰自己只熬夜一兩次沒關係，但第二天早上糟糕的皮膚狀態和精神還是記錄下熬夜的危害。

有研究表明，長期熬夜會使人的記憶力衰退、免疫力降低，甚至引起心臟病、腸胃炎等疾病。因熬夜而猝死的例子更是數不勝數，只有真正明白熬夜的可怕，才能徹底喚醒改變的決心，養成早睡早起的好習慣。

有天，我看到一個有意思的TED（Technology, Entertainment, Design）演講影片，主題是「想成功？多睡點吧！」雖然影片短短五分鐘，但分享者赫芬頓（Arianna Huffington）傳遞的觀念值得深思。

這個社會發展得太快，一些人開始選擇用熬夜的方式，以爭取更多奮鬥的時間。有不少人把熬夜看成能力的象徵，熬越久代表能力越強。

短期熬夜確實會在工作上看見回報，可是長期熬夜只會得到一個垮掉的身體。早睡早起，已經到刻不容緩的地步。

IGOR模型——有效解決失眠困擾

如果你飽受失眠困擾，可能已經知道很多提高睡眠品質的方法，例如：睡前泡個熱水澡、午後不攝入過量的咖啡因、晚上八點過後不再進食等。但你可能有類似的疑問：為什麼這些被很多人推崇的方法，用在自己身上卻通通失效呢？

我曾經嘗試睡前喝一杯熱牛奶讓自己盡快入睡，不但沒睡好，反而讓我半夜跑廁所。客觀來說，我不能斷定這個方法沒用，只是從實踐角度來看，對我沒有幫助，甚至不利於睡眠。

再舉一個我自己的例子，上學時我追過一部電視劇，它在每天半夜十二準時更新，為了能第一時間觀看，我經常熬夜，兩集看完已經是凌晨一點半。晚睡所導致的直接後果，就是早上起不來，一覺睡到七、八點，更慘的是起床後精神狀態仍然很差。

那陣子我在一次次的後悔中度過早晨，又在一次次的追劇中繼續熬夜。我明白早睡最大的障礙就是電子產品，於是每天晚上睡覺前，便會把手機調成靜音，放在不方便拿到的地方。

但我從此就養成早睡的習慣了嗎？事實上，我每晚躺在床上，儘管遠離了手機，但腦子卻一刻也沒停歇，計劃著明天的任務。

另外，很多人睡不著是想得太多，擔心明天忘記做某事、後悔今天做了某事，抑或幻想自己中五百萬元的彩券該怎樣花、偶像跟自己表白要怎麼辦……，時間就在無謂的煩惱與白日夢中流逝。

因地制宜無法早睡早起的三大障礙

根據睡眠時間延遲的問題，我們可以參考同樣是時間管理達人的紀元老師，他推薦的解決問題模型——ＩＧＯＲ模型，翻譯成中文就是：現狀、目標、解決問題中可能行動，以及可能遇到的困難。

害怕忘記，列清單是最好的解決之道。每天晚上睡覺前，花十分鐘列出明日的待辦事項，把擔心、憂慮從大腦中趕走。對於胡思亂想與無效的擔憂，要利用語言來暗示自己：不要亂想，你現在要睡覺。可能有人懷疑這樣的一句話真的能打消臆想嗎？效果當然有限，但可以避免自己走神，減少臆想的次數和時間。

手機干擾、睡前焦慮、臆想是很多人無法早睡的三大障礙，解決它們才是關鍵。

ＩＧＯＲ模型最大的好處就是因地制宜，儘管方法一樣，但每個人得到的答案卻不盡相同。堅持早睡的阻力很多，解決問題的方法也需要及時做調整。改變不可能一蹴而就，短期內養成良好的作息也不現實。在現有的條件下，將早睡早起的觀念深植內心，對於習慣熬夜的人來說，就是改變的關鍵一步。

掌握早起的6大好處、2大禁忌超越他人

早起的神奇之處

從中醫的角度，早睡早起符合養生學，熬夜很傷皮膚，熬夜後黑眼圈、痘子、斑點都會如期而至。維持早睡早起，不需要使用任何藥物，就能讓皮膚狀態自然變好。由此可見，最好的化妝品是健康的作息。

當睡意來臨，不要喝咖啡硬撐，趴在桌上休息十分鐘就有出人意料的效果。午休時間盡量在三十分鐘以內，超過三十分鐘，反而會更疲勞。早起有助於爭取更多的學習時間，在這段時間裡可以完成很多事情。很多人確實能做到早起，但是早起後可以做些什麼，他們卻沒有仔細想過，白白浪費了早起的時光。

早起可以做好這6件事

早起能做的事情還有很多，在實踐過程中可按照自己的需求調整。

1. 制訂計畫清單

列一份計畫清單僅需幾分鐘，但這幾分鐘帶給一個人的改變是巨大的。有計畫的人，目標會更加明確，讓自己對每天要做的事有初步的理解，知道每天該做什麼、不該做什麼，便不會過度焦慮，一定程度上可提高抗壓的能力。

2. 閱讀

人均年讀書量排名全球前五的國家，分別是俄羅斯、以色列、德國、日本和奧地利，人均年讀書量都在四十本以上。其中，俄羅斯和以色列的人均年讀書量超過了五十本。

一週讀一本書會太多嗎？答案是否定的。以一本書三百頁為例，每天用早起的一小時閱讀五十頁，一週足夠讀完一本書。如果掌握主題閱讀法、快速閱讀法，一天都能看完一本書。當然，讀書不是為了追求數量，也不要試圖想把作者所有的觀點都化為己用，一本書如果有一個地方符合你的需求、對你有幫助就夠了。

3. 工作學習

早上起床確定一天的行程後，趁早晨干擾少，集中精力把當天的重要工作做完，便可以有事半功倍的效果。

4. 錯峰通勤

早起可以錯開人流的尖峰時段，節省通勤時間。利用提早到公司的這段時間，把辦公桌收拾乾淨，營造出良好的工作氛圍。

5. 鍛鍊身體

早起可鍛鍊身體，在室內跑步、做伏地挺身都是不錯的選擇。畢竟身體是革命的本錢，沒了健康，一切都是空談。此外，早晨醒來，進行適當的室內運動，可以快速醒腦。

6. 吃早餐

早起有充足的早餐時間。仔細想想，一個星期以來自己因為睡回籠覺，壓縮了多少頓吃早餐的時間。條件允許就做一份早餐，不方便就到外面吃一頓熱氣騰騰的早餐，元氣滿滿地開始新的一天。

早起的兩大禁忌

1. 做室外運動

根據環境汙染指數的大數據來看，清晨的空氣品質並不好，經過一晚的低溫沉積，很多廢氣雜質飄浮在空中。所以，早起鍛鍊時，在室內做簡單的運動就好，也盡量不要在早晨這段時間開窗通風。

2. 起床後立刻折棉被

人在睡眠時，呼吸道以及全身的皮膚毛孔會排出廢氣，皮膚細胞也會脫落皮屑，這些物質會散布在被子中。所以若起床後立即折棉被，身體的代謝物會繼續悶在被子裡，反而危害身體健康。因此，起床後把被子反過來就好，讓夜間睡眠所產生的水蒸氣和汗液揮發掉，等盥洗後再折被子。

做到早起的四個實用方法

很多人抱怨：我知道早起的好處很多，可以做更多事，但是起不來有什麼用！不是你起不來，只是方法有問題。那麼有哪些早起的方法呢？

1. 結果論機制

如果知道第二天必須早起，你會不會強迫自己早睡？趕早班車很容易做到早起，因為前一天晚上就會提醒自己早點睡覺。事實上，賴床的最大關鍵不是熬夜起不來，多半是因為沒有早起的目標。

2. 監督機制

例如，參加本書前言中曾提到的「早起團」、和家人約定一起吃早餐、與朋友立個「早起閱讀」公約等等，利用他人或團體的力量來約束自己。

3. 獎勵機制

如果你某月份每天都早起，那就買個喜歡的禮物，好好獎勵上個月努力的自己。沒做到也不用過度自責，人無完人，偶爾一次不會影響大局，不要因為一次失敗而懈怠。只需反思為什麼，繼續堅持下去就好。

4. 雙鬧鐘法

紀元老師在其著作《哪有沒時間這回事》一書中提到：你是否擔心設鬧鐘會吵醒別人？如果是這樣，有個化被動為主動的方法——雙鬧鐘法。第一次的鬧鈴音量要小，盡量不要吵到他人。此外，還需要設置噪音度極強的第二鬧鈴，比第一個鬧鐘推遲五至十分鐘。當第一個鬧鐘響起，為了避免更吵的鬧鈴打擾別人，你就不得不起床關閉第二個鬧鐘。不要把第二個鬧鐘放在床邊，放在需要起身才能拿到的地方，避免繼續睡回籠覺。

富蘭克林（Benjamin Franklin）曾說：「我未曾見過一個早起、勤奮、謹慎、誠實的人抱怨命運不好，良好的品格、優良的習慣、堅強的意志，不會被命運打敗。」

想改變，不妨從早起做起。

重點整理

- ☑ 避免進入時間管理的六大禁區，以提升個人的「複利效應」。
- ☑ 學會使用科學方法管理時間：三隻青蛙、九宮格日記、週計畫表、時間碎片清單等。
- ☑ 自律看似制式，但唯有學會自律，才能獲得真正的自由，因為自律的人也一定是會生活的人。
- ☑ 很多人熬夜是習慣，一種病態的「捨不得」。熬夜的人並不是睡不著，只是捨不得睡。
- ☑ 避免熬夜、找出失眠的根源，才能找到最適合易己的生理時鐘，達到有效休息。

渴望用加班換來的成功多半不堪一擊。年輕時拿健康換金錢，年老時註定拿錢換命，公平的是，兩者都不一定能如願。

第三章

遇到困難就力不從心，是負面情緒惹的禍

別拿健康當賭注，死亡離你並不遠

過勞死——不容忽視的文明病

二〇一五年五月，河池市某部門的甘某被主管要求在週末加班。當日下午六點，甘某突然感覺身體不適，送醫後不治身亡，醫院確診為腦溢血致死。

二〇一六年六月，天涯社區副主編金波，在搭乘北京地鐵六號線時突然暈倒，隨後失去意識。同事表示，金波工作時非常拚，經常熬夜。

二〇一七年十一月，日本新潟縣教育委員會一名四十歲女職員，因連續兩個月加班時數超過一百個小時，上班時體力不支癱軟在辦公桌上，送醫搶救後仍不治。

二〇一九年十二月，英國一名送貨員Paul Crush，因為耶誕節物流過大不停地加班，最後猝死。

「過勞」似乎已經成為現代職場的常態，很多人認為「過勞死」離我們很遙遠，但相關資料顯示，每年因過勞死亡的人數正朝低齡化邁進，而罹癌族群也正向青壯年擴散。

其實，過勞死並非臨床醫學用詞，而是社會醫學的範疇，是指長時間加班導致過度疲勞而猝死，或因為心力交瘁而導致死亡的現象。

因為目前缺乏相關的統計資料，加上會導致死亡的原因有很多，所以具體因過勞而死亡的確切人數不得而知，但肯定是呈正面增長的趨勢。

實習時與我有一面之緣的老大哥，不到四十歲就累倒在崗位上；一個四十歲左右的叔叔，孩子剛考上大學，他卻被告知患上癌症，高昂的醫療費難倒一家人，鄰居們的捐款只是杯水車薪，最終他還是沒能熬過去。人死如燈滅，沒了痕跡消失得無影無蹤，其實，死亡離一個人很近。

你怎樣對待身體，身體就怎樣對待你

有些人覺得年輕人養生聽起來很好笑，在他們的觀念裡，養生是老人才做的事，年輕人要拚搏、熬夜加班、早出晚歸才是成功的保證。

很多年輕人管不住嘴，整天吃垃圾食品導致胃痙攣，發作時像腹部有刀片劃過，劇痛無比。可是，人總是好了傷疤忘了疼，不痛時還忍不住偷吃，結果就是胃痙攣發作的頻率增加，經常痛得直不起腰來。不得不去醫院進行檢查，發現胃黏膜已經嚴重糜爛並伴隨出血跡象。

你怎樣對待身體，身體就怎樣對待你。無關年齡、不分性別，你輕忽身體，疾病就盯上你。

年輕人的養生之道

人往往喜歡追逐自己沒有的東西，金錢、權力，甚或地位。所以身體健康最容易受忽視，直到身體明顯不適才去醫院治療。但可怕的是，當意識到身體出問題時，多半已經很嚴重。

有一位朋友求學時透過寫文章實現自給自足，自主創業拿下數十萬元的融資。本以為畢業後會交上一份滿意的答卷，卻因為平時輕忽身體生病了被迫休學，每天只能在家靜養，靠藥物來維持生命。

都說年輕人最好的投資莫過於投資自己，所以很多人會吐槽：沒錢怎麼辦？當我們沒錢為高額的課程付費時，沒錢去參加一些職業培訓時，投資我們的身體就是最正確的選擇。

養生並不可笑，也沒有大家想得那麼麻煩，更沒有想像中昂貴。小說家馬克・吐溫（Mark Twain）曾說：「保持身體健康的唯一方法，就是吃點你不想吃，喝點你不想喝，以及做點你不願意做的事。」

養生之道有很多種，如起床後喝一杯溫開水、飯後散步十分鐘、消化腸胃；看電腦、用手機久了，起來活動一下身體；經濟條件允許就去健身房加入會員，系統化地健身；經濟不允許也可以下載一款健身軟體，跟著運動；每年定期體檢絕對不能少，購買必要的醫療保險。

提升睡眠品質，是精力充沛的關鍵

神奇的睡眠週期

據台灣睡眠醫學學會二〇一七年統計分析顯示，平均每十個台灣人就有一人被失眠困擾，也就是超過兩百萬人有睡眠障礙。不同族群有不同的睡眠問題，睡眠不足的原因也各有不同，但解決方法存在很大的共通性。

瞭解自己的睡眠週期。到底睡多久才算好？怎樣睡才精力充沛？睡越久越好嗎？有一本名為《有效睡眠》（*Powerful Sleep*）的書，把睡眠週期介紹得非常詳細，「睡眠週期」一詞也是來自此書。該書作者波斯塔維（Kacper M. Postawski）在研究中發現，人類的每次睡眠由五個階段組成，每個週期約九十分鐘。

對照圖3-1，在第一階段和第二階段，大腦睡眠較淺，身體逐漸放鬆，呼吸和心率逐漸變慢。在第三階段和第四階段，大腦進入深度睡眠，血壓、呼吸和心率都達到全天的最低點，血管開始膨脹，白天儲存在器官裡的血液開始流向肌肉組織，滋養並修復它們。REM階段被稱為「快速動眼睡眠」（Rapid Eye Movement，簡稱REM），在這個階段，眼球會呈現快速跳動，通常伴隨翻身的動作，並很容易被驚醒。

睡眠慣性使人永遠睡不飽

你是否有越睡越累的經歷？明明睡眠時間很長，醒來後卻昏昏沉沉、精神疲憊。如果出現這樣的症狀，很可能是因為你在深度睡眠的過程中醒來，破壞了睡眠的節奏，進入嚴重的「睡眠慣性」中。

睡眠慣性是指睡醒後出現的暫時性低警覺、行為紊亂和認知能力下降的狀態。醒來後，雖然眼睛已經睜開，腦幹中的覺醒中樞系統也完全啟動，但與制訂

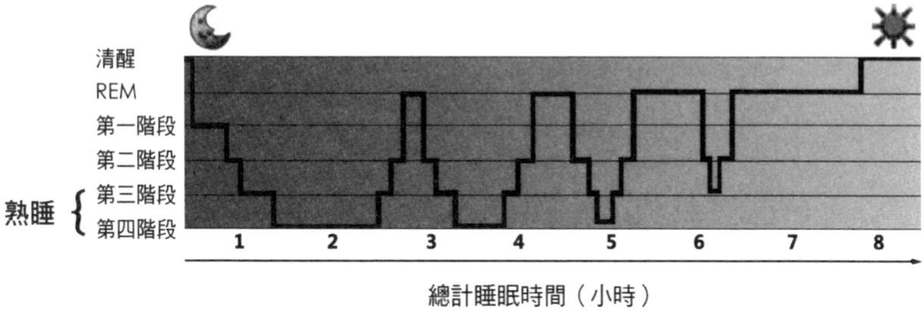

【圖3-1】睡眠周期

決策和自我控制相關的前額葉層，還需要一段時間才能啟動。

因此，想擁有良好的睡眠品質，不妨試著將睡眠時間調整為九十分鐘的倍數，避免在深度睡眠中醒來。當然，不同的個體可能會有差異，多嘗試幾次並記錄早起後的精神狀態，就能逐漸找到適合自己的睡眠週期。

不可否認的是，一個人的精力多寡有其先天因素，雖然目前還未有定論，但大量證據表明，拋開健康因素（有時候嗜睡是一種疾病），不同人恢復精力的能力有很大的差異。

與其盲目羨慕他人熬夜仍然可以精神抖擻，倒不如和自己比較。如果透過一些特定方法，讓未來的你比現在更有活力，精力更充沛，那麼表示該方法對你有效，值得堅持去做。

碎片化睡眠術——40分鐘內的午睡最有效

除了一晚完整的睡眠時間，你還可以利用碎片化時間來休息。比如，採用很多上班族有的午睡習慣。

作為養生界的「扛壩子」，我每天中午都會睡個午覺。但奇怪的是，有時睡醒後精神特別好；但有時睡醒後，痠痛的雙眼讓我一度懷疑是不是睡「假覺」。如果你有這樣的症狀，說明你的午睡時數有問題，就是前文提及的睡眠週期，你是在深度睡眠中醒來。

關於小睡，美國太空總署（NASA）曾做過一個有趣的實驗。因為太空人工作特殊，一個小失誤就可能釀成大錯，所以為避免太空人睡眠不足帶來隱患，太空總署要求太空人每天至少睡眠八小時。可是，太空人一點都不聽話，他們比要求的時間平均少睡〇．五至二．五小時。原因是在太空中，太空人很難感受到晝夜的變化，就會在不知不覺中減少睡眠時間。

最終，美國太空總署找到解決方案——小睡一會。為證明小睡的效果，美國太空生物醫學研究所（NSBRI）選出九十一名志願者，並將他們分為十組，每組晚上睡眠時間是四至八小時不等，小睡時間則在〇至二．五小時。科學家們為整個實驗過程中的志願者，提供一系列記憶、警覺、反應時間和其他認知技能的測試。

實驗結果最終表明，在晚上睡眠時間相等的情況下，二十六分鐘的午睡可以幫助太空人提高三四％的行動力及五四％的警覺性。可見，小睡對恢復精力的影響有多大。

還有其他許多研究也證實，因為睡眠週期的關係，想透過小睡快速恢復精力，就必須控制在四十分鐘以內。倘若時間有限，很難睡足二十六分鐘的話，短暫小憩六分鐘也有助於恢復記憶力。

如何營造舒適的睡眠環境

想提高睡眠品質，舒適的睡眠環境不容小覷。總體來說，能從三個面向著手。

1. 舒適的床上用品

一天二十四小時中，人有八個小時在床上度過。所以，舒適的寢具用品是非常重要的。

花錢就該花在值得的地方，不該花絕不亂花，不要心疼一張床墊的錢，長時間睡在不舒適的床墊上會損害脊椎。當你上整天班，精疲力竭回到家中，沖個熱水澡，躺在舒適的大床上，幸福感一定會撲面而來。

其次，和床墊同樣重要的還有枕頭，枕頭是人體頸椎的支撐物，頸椎連接很多重要器官，枕頭沒選好，就容易落枕、腰部肌肉痠痛。所以，打造良好睡眠環境的第一步，便是選一套舒適的寢具用品。

2. 偏低的室溫

除了寢具，室溫高低也是需要注意的問題。通常，偏低的室溫有助於人們更快進入夢鄉。

在《有效睡眠》（*Powerful sleep*）一書中，作者提出「體溫節律」的概念：人的體溫並非恆定，而是在三十七度上下波動。一天中，體溫的波動呈現週期性特徵，日出之後開始上升，在日落之前達到最高點。

當體溫升高時，人往往比較清醒；當體溫降

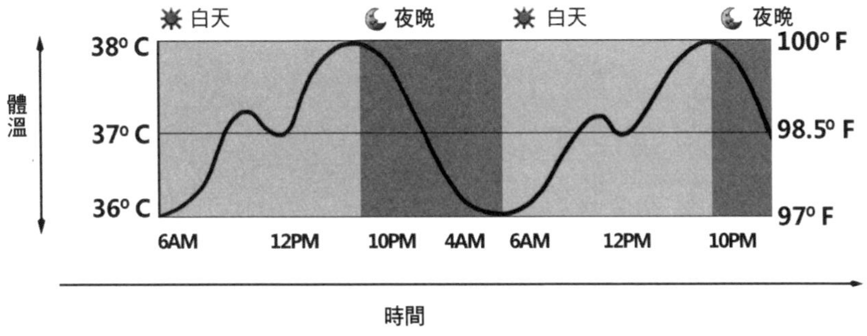

【圖3-2】體溫節律（晝夜節律）

低，人們往往會感到睏倦和疲憊。正午時分人體的體溫會微微下降，正好印證中午犯睏的現象。

3. 黑暗的睡眠環境

睡覺時不要開燈，盡可能保持黑暗。醫學研究發現，睡覺時開燈會抑制褪黑激素（melatonin）的分泌。褪黑激素的功用是分泌抑制人體交感神經的興奮感，使血壓下降，心跳速度減慢，更容易進入睡眠狀態。

隨著年齡增長，人體自身分泌的褪黑激素呈下降趨勢。到中老年，自身所分泌的褪黑激素滿足不了身體的需求，就需要從外部攝取，比如吃核桃。美國研究發現，核桃中含有較多的褪黑激素，有助於改善睡眠品質。如果你的睡眠問題的根源來自缺乏褪黑激素，它對你會很有效，但如果是因為焦慮而睡不好，效果就沒那麼好了。

現代年輕人失眠的最大原因，恐怕是來自電子產品的誘惑。美國壬色列理工學院（Rensselaer Polytechnic Institute）研究發現：睡前使用兩小時帶有背光顯示螢幕的電子產品，會導致褪黑激素被抑制二二%。所以與其吃藥，不如養成睡前不看手機的好習慣。

總而言之，想保持精力充沛，必須提高睡眠品質，有充足的睡眠，且將睡眠時間控制在九十分鐘的倍數。同時學會利用碎片化時間補眠，以不超過四十分鐘為標準，並努力營造出舒適的睡眠環境。

喝水和早餐是最簡單的養生法

你有多久沒吃早餐？

專家為督促大家注意身體健康，總喜歡警告大眾：熬夜等於慢性自殺；不吃早餐等於慢性自殺；缺乏鍛鍊等於慢性自殺等。乍看之下是危言聳聽，但仔細想想，專家的話是有道理的。

以色列特拉維夫大學（Tel Aviv University）發表在《糖尿病護理》（*Diabetes Care*）雜誌上的一項研究指出，在上午九點三十分之前吃早餐，能有效避免肥胖、降低糖尿病的罹患機率。最佳的早餐時間為上午七點到九點，因為這段時間再不吃早餐，胃酸及胃內的各種消化酶就會去「消化」胃黏膜層。久而久之，身體細胞分泌黏液的功能就會遭到破壞，容易造成胃潰瘍、十二指腸潰瘍等消化系統疾病。

有句俗語：早晨吃得好，午餐吃得飽，晚餐吃得少。但無論是金錢，還是時間上的付出，大多數人三餐的比例多半是失調的，基本上呈現「晚餐大於午餐，午餐又大於早餐」的狀態。

早餐不同於午餐和晚餐，是因為早餐距離前一頓晚餐的時間最長，一般來說，體內在十二小時前儲存的糖分早就消耗殆盡。不吃早餐容易造成消化系統的疾病，還會導致體內的動物澱粉（glycogen，又稱「糖原」或「肝醣」）無法獲得及時補充，最終讓大腦的血糖濃度低於正常值，使反應變遲鈍、注意力難以集中等，進而影響工作與學習。所以，想掌控精力，不妨從今天開始堅持吃早餐。

最簡單的食療方法——多喝水

眾所周知，人體七〇％由水分構成，女性的比例還更高於男性。人一旦缺水，體內血液循環就會出問題，常伴隨疲勞、頭痛、瞌睡等症狀。

很多人因為工作忙忘記喝水，甚至擔心上廁所影響工作進度而放棄喝水，抑或是為了追求口感而以碳酸飲料代替水，這些做法既錯誤又危險。

一位美國男士連續一個月每天喝十罐可樂，以此觀察碳酸飲料對身體的影響。結果這位男士的體重在一個月內暴增十公斤，體脂從九・四%變成十六%，血壓甚至從129／77mmHg上升至145／96mmHg，大大增加罹患心臟疾病與中風的風險。

世界上最好的保健品不在藥店而在家裡，就是日常飲用的白開水。如果你想豐富白開水的口感，可以買一些花茶，根據口味喜好添入即可。最重要的還是養成定時喝水的習慣，不要等到口渴才喝水，因為那已經是身體缺水的後期症狀。

調整飲食結構

我朋友高中畢業後就去美國留學，他說自己每次吃完午飯就想一頭倒在床上，但那些來自美國的同學卻沒有半點瞌睡的跡象。仔細研究後他發現，答案就藏在不同國家的飲食習慣裡。

在中國，多以麵食和米飯為主，而美國人喜歡吃沙拉和三明治。兩者的差別在碳水化合物的含量上，米、麵的碳水化合物含量高，吃完後升糖指數（glycemic index，簡稱GI）迅速提高，降低食慾素[2]分泌。

食慾激素正是影響睏意的重要因素之一。英國劍橋大學的研究人員曾在《神經元》（*Neuron*）雜誌發表，實驗鼠在攝入不同食物時，大腦分泌食慾激素的變化。當食慾激素過低時，實驗鼠會昏昏欲睡、不想運動，相反則是充滿活力。

所以，想在下午保持良好的精神，除了午休，還能在飲食方面下點工夫。**午餐不要吃精緻米飯和麵食，試試大豆、糙米這類升糖指數較低的食物。**喜歡吃肉的讀者可以把油炸類肉品換成新鮮魚肉，再搭配一些蔬菜。這樣既能滿足身體的能量需求，又能保證食慾激素正常分泌，避免吃完就開始打瞌睡。

❷ **食慾素：**orexin，又名下視丘泌素（hypocretin），是對兩種不同的神經肽激素的統稱，主掌人體的醒覺、覺醒，使中樞神經處於清醒狀態，也掌控食慾。

讓運動成為習慣，像呼吸一樣自然

如何邁出運動的第一步

運動可以鍛鍊身體、使精力恢復，已經成為不爭的事實，但問題是很多人做不到，所以需要讓身體動起來。如果你也希望養成運動的習慣，建議你用下列方法。

1. 為行動賦予意義

有句成語是知易行難，但其實真正難的是「知」。因為不知道一件事該怎麼做，所以無法邁出第一步；因為不清楚這件事的價值和意義，所以沒有動力實踐。因此先理解運動帶來的好處，才有動力與信心堅持。

陳哥是一名馬拉松愛好者，參加過二十餘場大大小小的馬拉松賽，雖然從沒得過獎，但他樂在其中，逢人就推薦跑步，聚會的時候也不放過。

「身體是第一位，腦子動，身體也要動起來啊。」

「我跟你說，跑步對睡眠很有幫助。我以前嚴重失眠，這幾年跑下來，一覺睡到天亮。」

像陳哥一樣擁有健康的睡眠，是帶給我堅持運動的最大激勵，當這些激勵足夠多時，就自然而然產生行動。

2. 降低行動的門檻

很多人抱怨生活壓力大，沒時間去健身，總覺得健身需要抽出大把時間才能實現。但並非如此，跑十公里、走一公里、在瑜伽室健身一小時、趁工作空檔起身活動十分鐘，哪怕只是簡單的伏地挺身、仰臥起坐都有鍛鍊的效果，都是運動的好方法。

如今，很多工作需要盯著電腦，長期下去很容易罹患頸椎綜合症、腰椎間盤突出等慢性疾病，視力也會持續下降。這時候，如果能每半小時就看看遠方，或者勤做眼球保健操，是非常有效的運動方式。

當釋放了運動這件事所產生的壓力、瓦解了對運動成效的過高期待時，行動能力便跟著提升。現在你就可以閉上眼睛，做做眼球保健操，甚至起身活動身體。

安全運動，交友兼健身

解決了如何踏出第一步的問題後，接下來就需要思考如何堅持，解決這一問題有兩個步驟。

1. 掌握適量原則

運動是為了身體健康。不要把運動變成競技比賽，更不要盲目和他人比較。剛開始運動時，四肢若非常痠痛的話，可以根據實際情況減少一些運動量，等身體適應，再逐步增加。很多時候，錯誤的運動方式不僅對身體沒有好處，反而有害。

如果有人問我求學期間做過最後悔的事，答案一定是「參加運動會」。我並不是專業的運動員，一次運動會中因為沒有熱身，光憑蠻力大步往前跑，導致拉傷大腿，被抬進校醫院。直到現在，一到陰雨天我的右腿就會疼痛。所以，運動前一定要做好必要防護措施，一雙舒適的跑鞋或簡單的暖身運動，都可以降低受傷的風險。

越來越多人喜歡在社群網路上晒每天的走路步數，少則一、二萬，多則三、四萬步，甚至一天能走六、七萬步，是名副其實的「暴走一族」。但這樣的運動強度對膝關節傷害很大，容易患急性滑膜炎❸，還可能損害膝、踝、腳後跟肌肉韌帶和骨膜。即使步數不多，如果走路姿勢不正確，仍會損傷腳外側而出現疼痛症狀。

2. 營造外部激勵

堅持很容易產生懈怠心理，對於自制力有限的人來說，氛圍極其重要。雖然大家調侃健身房卡是使用率最低的卡，但如果條件允許，我還是建議大家去健身房運動。一來，健身房的器材更多，不想跑步，還可以嘗試打球或做其他項目，而在家因為場地、設備有限，很容易懈怠；二來，在健身房能認識志同道合的朋友，一起互相監督、鼓勵，形成良性互動，也能讓自己變得更積極、自信。較內向或以往沒有運動習慣的人，一開始會對健身房的環境有點抗拒，也很難在健身房交到朋友，因此可以找熟悉的朋友一起報名。最好是找生活方式類似的朋友，以免常因工作、作息不同或其他瑣事耽誤了一起運動的美意。

---

❸ **滑膜炎：**是一種可能在全身各個關節發生的疾病，指滑膜受到刺激導致炎症後，形成積液的一種關節病變。

有人說，體重都控制不了，如何控制人生？如果你能撐過運動中那些大汗淋漓、氣喘吁吁的時刻，戰勝無數次想放棄的念頭，你就有理由相信，對於人生的任何挑戰，你都有能力、毅力去戰勝它們。

別把生命浪費在無謂的人事物

別把生命浪費在他人身上

世界上只有三件事，自己的事、別人的事和老天爺的事，對待這三件事的態度決定我們的一生。

別人的事就是與你無關的事。

網路時代，資訊量爆增，在帶來方便的同時，也讓資訊過度超載。人類獲取、處理資訊的能力依舊有限，但在這些無效資訊的轟炸下，人們越來越焦慮，時間越來越破碎，而精力在一次次評論中消耗殆盡。

說到網路，不得不提到酸民。跟他們爭辯後，你以為對方會傷心難過嗎？不會，甚至渴望被罵、被人記住。我不知道他們這樣做的目的是什麼，但我明白，如果你把自己的時間用在這種人身上就是浪費。

生活中，我們總會遇到一些喜歡「吐槽」的人。你買件漂亮大衣，忍不住自拍一張發到臉書或IG上，幾十人點讚，突然有個人說：「你怎麼買這種顏色？好老氣。」你看一本書，看得正津津有味，突然有人說：「你怎麼看他的書？多俗氣！」恐怕這時你的好心情已經蕩然無存。對付這樣的人，與其爭論不如保持沉默。**你永遠不可能迎合所有人，你做的任何決定都會有人看不慣，所以堅定內心、做你想做的事就夠了。**

別把精力浪費在不可控制的事情上

老天爺的事就是人無法左右、不能改變的事，例如自然災害。很多人焦慮是因為把過多精神放在這類事情上，總擔憂意外發生，自尋煩惱。有句俗話：盡人事，聽天命。人這一生，有太多事不能左右、無法兼顧，有些夢想或許永遠不會實現，但在這個過程中，做該做的事，盡自己最大的努力，就不會留遺憾。

自己的事可以控制，實現能掌控的目標就是自己的事。有讀者說，他去公司實習時，因為實習名額有限，主管只能從兩人中選一人，所以他很苦惱，覺得那個人來搶飯碗。在工作時，他不自覺盯著對方的一舉一動，結果沒做好工作，這是典型的操心別人而忘記自己，難道盯著對方盼望他出錯可以提升能力，增加留任的可能？在職場上，成績才是關鍵，有這份閒心，不如自問：早上制訂的計畫有完成嗎？今天的工作狀態夠好嗎？有哪個環節可以再進步？有犯了不該犯的錯嗎？

下次在做一件事時，不妨先問問自己：「這值得你花寶貴的時間、精力對待嗎？」

降低精力支出──賈伯斯的黑色高領毛衣

小時候去朋友家，他領我參觀房間，我被一張貼在房門背後的「三餐表」吸引了。表格是朋友母親列出的一週食物清單，每天早中晚吃什麼都有詳細安排。但那天在他家吃飯時，阿姨並沒有按照計畫煮飯，而是做蒸螃蟹。我悄悄問朋友：「今天不是應該吃〇〇嗎？三餐表是假的嗎？」朋友回一句：「當然是真的，平時沒客人的時候都是那樣吃。」

「那想吃別的怎麼辦？」朋友答：「那就做想吃的！」當時的我還不能體會其中

的奧祕，如今回想，阿姨是時間管理的高手啊！正常情況下，按照三餐表做飯，可以有效減少選擇時的磨耗。如果家裡來客人或是想吃其他食物，就果斷改變計畫，並不會產生任何損失。畢竟**計畫不是死的，看似制式化反而能帶來更大的自由。**

生活中，有很多事可以利用上述方法降低精力支出。例如：超市購物清單。很多人去超市都有這樣的經歷，計劃買瓶牛奶，回來卻多出一大包零食；想買瓶醋卻帶回一大袋水果。毫無計畫會多花不必要的金錢開支，還浪費時間選擇消耗精力。

除此之外，提升著裝風格也會減少很大一部分精力開支。例如：世界首富比爾蓋茲（Bill Gates）就喜歡固定款式的襯衫加上V領毛衣、臉書執行長祖克柏（Mark Zuckerberg）鍾愛灰色T恤、蘋果公司聯合創始人賈伯斯（Steven Jobs）讓好友幫他設計一百件黑色高領毛衣。他們不用每天糾結起床穿哪件衣服，省下時間專心做重要的決定，減少不必要的精力損耗和時間花費。

堅持時間管理也是一樣的道理，一般情況下，按照計畫辦事可以減少浪費的時間，所以看似制式的生活，其實為人們創造更大的自由。

學會控制情緒的4種方法，與負面情緒和好

接納自己的負面情緒

一次培訓時有學員說：「自己每個月總有那麼幾天，什麼事都不想做、什麼話也不想說，只想好好睡覺，宅在家裡看劇或打遊戲一整天。」他說自己平時工作情緒很低落，經常莫名其妙就食慾不振，對喜愛的美食也不為所動。

對時間管理認識越深，越能感受到身體的勞累及情緒的疲憊。壓力過大時，難免會焦慮、煩躁，或不自覺生氣。當負面情緒湧上來時，很多人第一個反應是消滅它。但事實上，任何情緒都是一種信號，提醒你要做出調整。

有部動畫片非常有意思，叫作《腦筋急轉彎》（*Inside Out*）。主角萊莉的大腦住著五位掌控不同情緒的精靈，分別是樂樂、憂憂、驚驚、怒怒和厭厭，代表情緒裡的快樂、憂傷、恐懼、憤怒和厭惡。萊莉大腦裡掌管她情緒的精靈主要是樂樂。樂樂

從不允許憂憂掌控萊莉的情緒。有天，樂樂和憂憂從萊莉的頭腦中消失，她的生活只剩無盡的憤怒、恐懼和厭惡。在影片最後，樂樂放棄讓萊莉永遠快樂的想法，允許憂憂控制她的情感，因為它明白，人一生中不可能只有快樂，也不會只剩下悲傷，不同情緒交織而成才構成完整的一生。

人們每天都會遇到很多煩心事，時時刻刻快樂是偽命題，就像蔡康永所說：「**如果你一直快樂，那就是硬撐的。**」每個人都有自己的情緒，無論是正面或負面情緒，都包含著重要訊息，只有敢於接受，才能真正瞭解自己。

在《整理情緒的力量》一書中，作者有川真由美提出一種觀點：分類負面情緒。例如：憤怒、緊張、無助、悲傷等。凡造成人們身體不適，影響生活和工作的情緒都被她定義為負面情緒。當人的負能量過剩就會生病，而積壓的負面情緒不會因為視而不見與壓抑就消失，反而讓人處在亞健康❹的狀態。

大量科學研究發現，七〇%的人會以攻擊身體的方式來消化「有毒」的情緒，最終積壓成大病，例如：在焦慮、抑鬱等狀態下，易導致腸胃不適、糖尿病及哮喘等疾病。情緒上的不適會為人們的健康帶來威脅，偶爾的生氣、無助、暴躁無害，但長期如此便成為必須重視的問題。

處理負面情緒的神奇四步法

如果你正被負面情緒困擾，可以嘗試用四個步驟化解。

1. 離開現場

生氣時，默念「一、二……十」，避免反應過度造成不良後果。傷心時要避免聽傷感的音樂，輕微抱怨可以使自己冷靜下來，但只能在一定時間內，不能讓負面情緒一直包圍你。

2. 適當發洩

面對不如意、不公，人都會忍不住發牢騷。誰沒遇過煩心事？當負面情緒來臨時，抱怨、生氣只是宣洩的一個出口，如同太陽下的影子，想徹底消滅本就不可能，

❹ **亞健康：**這個詞起源於中國大陸媒體，指人處於健康和疾病之間的一種臨界狀態，但未有明顯的病理特徵。

完全壓抑下來只會帶來更大的反彈。如果不能及時將壞情緒發洩掉，遇煩心事還故意表現出「吃虧是福」的大器，**那些無處安放的壞情緒只會在心裡越積越多，變成一顆不定時炸彈。**難過就盡情哭一場，可以的話睡一覺。總之，必須適當發洩。

3. 轉移注意力

人在同一時間能承受的情緒有限，如同器皿，憤怒的情緒多了，其他情緒就進不來，這時需要轉換一下心情：做些別的事、想點開心的事情、找人傾吐。

4. 追根溯源

當情緒緩和以後，再反思產生負面情緒的原因，去釐清感受、找出問題根源，再設法解決。但是，必須學會區分「可以解決」和「無法解決」的事項，是自身的問題就改正，如果是他人的問題就不必過度苛責，沒必要拿別人的錯誤懲罰自己。情緒管理是一種能力，它不能速成，需要練習和琢磨，這條路任重而道遠。

你也是焦慮的「冒牌者症候群」嗎？

被攀比毀掉的翠鳥

「如何用三分鐘快速掌握一門技術」、「如何只用兩招月入數萬」……，網路上類似的標題數不勝數，大家一邊酸標題，又忍不住點進閱讀。

在最迷惘、焦慮的那年，我總是害怕跟不上時代，生怕錯過某個資訊就與世界脫節。焦慮是現代的通病，二十多歲的人渴望一夜致富、成名，走許多彎路後終於明白，這個世界上大部分的事物必須依靠時間累積、歲月沉澱。

如今我不再焦慮，坦然接受現實。這一切的改變並非因為突破瓶頸，取得實質的成績，而是終於認清自己。我在火車站等車時買了一本雜誌，有篇文章我印象深刻。文章介紹一種來自南美洲原始森林的鳥，全身翠綠，身上的灰色紋理就像一圈圈波浪，稱為翠鳥（Kingfisher）。

翠鳥身長五至六公分，但牠築的巢卻比身體大十幾倍，這顯然不合理。動物學家抓一隻翠鳥把牠關在巨大的籠子中，奇怪的是，這隻翠鳥只建造一個能容下身體大小的巢，就停下了，這與人們印象中的翠鳥巢穴差別很大。於是，萊奧托又放入另一隻翠鳥，原本建好巢穴的翠鳥開始擴建自己的巢穴，與此同時，新來的翠鳥則直接築出比身體大好幾倍的巢穴。接著，兩隻翠鳥的巢穴都不斷擴大，一方的巢穴擴建，另一方就跟著擴建。最後第一隻翠鳥死了，另一隻翠鳥便停止築巢。

萊奧托繼續抓來另一隻翠鳥放入籠子。這一次和想像的一樣，新進的翠鳥開始大力築巢，第二順位進入籠子的翠鳥再度瘋狂地擴建巢穴，結果依舊，當其中一隻疲憊不堪死去後，另一隻又停止築巢。

人們發現，翠鳥不停擴建巢穴很可能只是盲目比較，倘若兩隻翠鳥的爭相擴建，必然有一隻會因為比較而一命嗚呼，活活累死。這聽起來很不可思議，但仔細想想，人類何嘗不是如此？

成長路上，瞄準方向、謹防攀比

有人說，生活累，一半源自生存，另一半源於慾望和競爭心理。幸福，就在一次次的比較中溜走。比較是中性詞，沒有優劣之分。惡性的比較，讓人自暴自棄，甚至像翠鳥一樣活活累死；良性的比較，則能激發鬥志，成為更好的人。

不排除某些人天賦異稟，但對多數人而言，我們要學會接受自己的平凡。敢於接受真實的自己、正視自我，會輕鬆很多。成長道路上，只要方向是對的，再慢都是進步。但是，必須時刻提醒：接受平凡不等於拒絕成長，別讓平凡成為懶惰的藉口。

一直以來，我非常佩服初中同學L。每次考試結束，老師都將成績單貼在教室的牆上，L同學從來都在排名的末尾，但她很努力，雖然在班級裡很不起眼，可是她非常喜歡跳舞，初中就報名參加全中國的比賽。高中時，L毅然決然地報考藝術學院。她如願以償進入一所藝術學校。雖然成績不是很理想，學校也一般，但L一直在熱愛的領域裡努力。大學四年，她利用專長去兼課，鐘點費從一小時幾十塊到幾百塊。大三的時候，L在濟南註冊公司，開辦舞蹈培訓機構。現在，她成為同學中的佼佼者。

競爭心理最大的危害在於它讓你變得自卑，忘了跳脫環境的束縛自問：「我是誰？我想要什麼？」每個人都有長處，可是有多少人敢於挑戰，對周遭的環境說「不」。倘若L同學當時放棄跳舞，一頭栽入大學考試，現在可能只是一位平凡的上班族。

當然，我並非認為普通不好，只是人這一生太短暫，不必活成別人的樣子，做自己就很好。任何時候，人生都不止於一個舞台，盲目地在同個舞台上比較，就會輕忽自己的長處，失去在另一個舞台發光發熱的機會。

別讓冒牌者症候群毀了你

不要太苛刻自己，少一點焦慮，多一點自信，換一個比較座標你會發現，其實自己非常優秀。有個學長，大學四年拿到國家獎學金一次，校內獎學金無數次。因為大學學校不是很好，對保送的學校又不滿意，於是他放棄保送機會，選擇報考其他大學研究所，考出亮眼的高分。這樣一位學霸，卻常說自己很自卑。

心理學上有個名詞叫「冒牌者症候群[5]」（Imposter syndrome），又稱「自我能力否定傾向」。冒牌者症候群患者總覺得自己名不副實，他們明明很優秀，但總認為這只是外界高估自己。那位學長就是典型的冒牌者症候群患者，儘管大家都很羨慕他，但他卻越來越自卑，甚至有憂鬱症的傾向。

出演《哈利波特》的艾瑪・華森，曾多次向媒體表示，自己並不像大眾認為的那樣優秀。她說：「我做得越好、別人越誇讚我，我內心那種沒自信的感覺就越嚴重。我好怕有一天，別人發現我根本不配擁有現在這樣的成就。」

心理學上，對於冒牌者症候群的研究普遍認為，大部分患者是因為小時候的教育環境得不到認可，即使取得成就，父母或身邊的人仍很嚴苛、持續打壓患者。

果不其然，學長說父母從小就很嚴格，希望他有出息、光宗耀祖，即使考到九十八分都會被父母批評。

俗話說：「身病易治，心病難醫。」世界上沒有治療冒牌者症候群的特效藥，若想治癒，患者必須強迫自己多與外界溝通，學會鼓勵、肯定自己。

---

❺ **冒牌者症候群：**最早在一九七八年由臨床心理學家克蘭斯（Pauline Clance）和因墨斯（Suzanne Imes）提出，指個體按照客觀評價，獲得成功或取得成就，但是卻覺得自己在欺騙他人，並且害怕被人發現此一欺騙行為。

重點整理

- ☑ 當我們沒錢為高額的課程付費、參加一些職業培訓時，投資我們的身體就是最正確的選擇。
- ☑ 想擁有好的睡眠，先試著調整睡眠時間，調整為九十分鐘的倍數，避免在深度睡眠中醒來；午睡時間也最好控制在四十分鐘以內。
- ☑ 想在下午保持良好的精神，除了午休，還需在飲食方面下點工夫。午餐不要吃精緻米飯和麵食，試試大豆、糙米這類升糖指數較低的食物。
- ☑ 你永遠不可能迎合所有人，你做的任何決定都會有人看不慣，所以堅定內心、做你想做的事就夠了。
- ☑ 處理負面情緒有神奇四步法：離開現場、適當發洩、轉移注意力、追根溯源。

NOTE

常聽人説：「萬般皆是命，半點不由人。」乍聽很有道理，實則害人不淺。

如果是這樣的生活態度，能過好一生才真的是奇蹟。在這個世界上，沒有比認命更糟的的藉口。把失敗交給命運，不過是某些人慣用的自暴自棄説詞。

第四章

愛面子是本能、放過自己是本事

無法選擇出身，那就自我投資吧！

眼界決定高度

人們常說眼界決定一個人的高度。在我看來，眼界是一個人看待世界的深度，與年齡無關，但和見聞及經驗有關。

在一堂投資課上，老師說了她兒子投資的小故事。當時她兒子還是一名小學生，因為母親任教於大學金融管理科系，在家庭環境的薰陶下，從小對股票不陌生，小學時還靠股票賺了一大筆錢。其實，小孩子的想法很簡單，他並不明白晦澀難懂的K線圖及各種技術分析，他從觀察身邊同學熱衷於溜溜球玩具開始。當時溜溜球大受歡迎，班上每個人都有，他得知生產該玩具的公司是一家上市公司後，便嚷嚷著要媽媽購買這間公司一定數量的股票，果不其然，這支股票的股價在接下來的一段時間內穩步上升。

過了一段時間，他又急急忙忙地要母親把股票拋售，問他為什麼？他有板有眼地分析：「上次買股票是因為同學都在玩溜溜球，現在大家不玩了，沒人買玩具，股票肯定下跌啊！」聽完孩子的話，那位老師拋售股票。正如他所預計，拋售後不久，該公司股票便開始下滑。

雖然小孩並非每買必賺，但從小就有投資意識實屬難得，這就是家庭教育對孩子眼界養成的影響。教育的重要不言而喻，但仍有不少人受固有的觀念束縛，聽不進他人的意見。哲學家叔本華（Arthur Schopenhauer）曾說：「每個人都把自己視野的極限，當作世界的極限。」

貧窮帶給人的最大傷害

維基百科上有個熱門提問：貧窮帶給一個人最大的傷害是什麼？比起物質上的拮据，精神上的匱乏更值得引起重視。很多人聽說過的馬太效應（Matthew Effect），是指富人更富、窮人更窮的一種經濟學現象。因為富人的孩子更有可能成為富人，窮人的孩子更可能成為窮人，這種循環很難打破。

但我想說的是，認知上的馬太效應遠比經濟上的更可怕。富人擁有完善、有系統的學習環境，多數也是時間管理、精力管理的高手；而窮人則可能把自己的時間，浪費在一些無關緊要的事情上，不管有意或無意都會因而喪失改變的機會。

加上貧窮者環境使然，承受風險的能力過低、畏畏縮縮。更重要的是，貧窮導致眼界狹窄，很難有長遠的目光，為眼前的蠅頭小利反反覆覆，最終形成惡性循環。

美國哈佛大學終身教授塞德希爾・穆來納森（Sendhil Mullainathan）❻發現，窮人的思維模式，和缺乏時間的人內在思維模式是接近的。在他的知名著作《稀缺》（*Scarcity*）這本書中，他說：「當人的注意力被稀缺資源過分佔據時，人的認知和判斷品質會全面下降。」

當我們過於貧窮，為了生存日夜奔波的時候，便很難再去進行統籌規劃，潛意識裡只剩下一件事：賺錢。也容易把生活中遇見的不如意都歸咎於沒錢，例如當工作遇到瓶頸時，第一時間想到的不是尋找突破口、學習相關技能之類的解決方式，只認為那是沒錢造成的。

慢慢地，人對沒錢的恐懼感會壟斷有限的注意力，以致忽視了更重要、更有價值的因素，從而造成心理上的焦慮和資源管理的單一化，進一步造成個人智力和判斷力下降，進而更加難以跳出困境。

不富有也能有效提高眼界

如前文所述，雖然從我們出生的那一刻起，無論物質還是精神層面都有高低優劣之分，而物質上的豐腴或貧瘠和精神層面相關，但這並不是絕對的正相關。也就是說，有錢的人並不一定眼界更寬，貧窮的人眼界也不一定狹窄。

關於眼界這件事，雖然家庭教育是基礎，但自我教育才是關鍵，當前者不足時就得加大對自我的投資。既然我們無法選擇自己的出身，那就坦然接受，這才是你我開始蛻變的前奏。

如今，網路如此發達，滑鼠一點便可以瞭解到最新的資訊，花點錢就可以聽到名

❻ **塞德希爾・穆來納森（Sendhil Mullainathan）**：美國行為經濟學家，也是哈佛大學行為經濟學領域重要領導人。與其他學者聯合創立非營利性組織，致力於利用行為科學幫助人們解決社會問題。

師的授課，讀書也變得平民化。只要你願意，捧起一本經典著作細細品味不是難題。只要你願意改變，終歸還是有路可尋的。

《天堂電影院》（*Cinema Paradise*）裡有句台詞：「如果你不出去走走，你會以為這就是世界。」如果有機會，出去看看，住一次青年旅舍、參加一些面對面的課程，即使窮遊，閱過山川的你也會擁有不一樣的眼界。

有次和一位前輩聊天，他勸我畢業後一定要去大城市看看。是的，在這個人人都想要逃離北上廣的時代（**編按：北上廣指北京、上海、廣州此三大城市**），我依舊對它們充滿了期待。等上了大學後，我不得不承認大城市的孩子普遍綜合能力更突出，就算室友整體成績比自己差一大截，但就口語能力一項，自己和這位前輩的差距便是一道鴻溝。

除了讀書、旅遊，與不同領域的人聊天也是很好的選擇。開闊眼界的方式有很多，當你打開心扉，開始用包容的心態去看待這世間的一切，便能不盲目下定義、不狂妄、不自卑。等到那時，再回頭去看，你的眼界早已經提升了一大截。

不要讓努力只是「看起來」而已

面對真實的自己，別再當假面人了

求學時，我跟楊老師說很不喜歡現在的主修科目，覺得唸數學很痛苦，也不明白數學到底有什麼用；如果不打算在數學領域深造，加減乘除就足夠在日常生活中使用了。

楊老師問我：「你不喜歡現在的主修科目沒關係，但是你能告訴我你喜歡什麼嗎？」我一時不知怎樣回覆，想了想擠出一句：「和文字相關的吧，我覺得自己挺喜歡的。」他追問：「不錯的想法，既然你說你喜歡文字，那你說說你取得了什麼成績？為此付出了多少？」

我隨即汗顏，不知道該說什麼，自己口口聲聲說喜歡某樣東西，但當別人問自己為此付出多少、取得什麼成績時，居然瞬間沒了自信，而這樣的喜歡實在太劣質了。

從那以後我很少把「喜歡」掛在嘴邊，因為我終於明白，成就一個人的不是喜歡，而是喜歡背後的行動。虛假的自我麻痺，把「不感興趣」掛在嘴邊，都是拒絕行動的藉口。

有個朋友在朋友圈曬出一張背單字的打卡記錄，還表示自己已經整整堅持了一百天。本想點個讚表示敬佩，打開照片卻發現一行小字：共花費四分鐘。無獨有偶，在一個健身打卡群裡，一位朋友發出一張一分鐘就完成一套健身訓練的打卡記錄。

背單字僅花費四分鐘？一組健身只花一分鐘？

其實，最可怕的不是欺騙別人，而是騙自己。隨隨便便背四分鐘的單字就覺得自己好偉大，忍不住心安理得地獎勵自己刷一下臉書、逛逛網購；一本書還沒開始看，就先拍張照片發在朋友圈，等著大家點讚，剩下的時間就用來不停地刷新等回覆，結果一個小時過去，一本書的序還沒看完。

努力不是一時興起，而是日積月累的堅持

我收到一位讀者的來信，他是一名高三的學生，為了考上更好的大學，父母要求

他放學回家後再自學一個小時。對此他表示很苦惱，說自己一唸書就想睡覺，留言問我該怎麼辦？

結合自己的經驗，我告訴他可以試用「願景法」激勵自己。想想自己渴望的大學，以現在的狀態能否實現；再想想如果失敗，自己能否承擔所造成的後果。前者可以幫助他重燃鬥志；後者可以幫他化壓力為動力。

可惜，這個方法並不適合他。聽到我的答案後，他很不滿意地抱怨：「你說的那些我都懂，但高三的休息時間根本就不足夠，回家後再學一小時實在太累了，我每次打開書就想睡覺。」我無可奈何地回了一句：「那就好好睡覺吧，保證充足的睡眠對提高學習效率也非常有幫助。」

這一次，他很滿意：「我就是這樣想的，睡不好怎麼學啊？謝謝老師。」半個小時後，他在朋友圈裡得意地曬出一張遊戲「五連殺」擷圖，剛剛還在抱怨睡眠時間不足的人，轉眼就投入遊戲的懷抱。

青山剛昌在其著作《名偵探柯南》寫過一句話：「決定人生的那一瞬間，絕對不能夠欺騙自己。」學習本來就是一件痛苦的事情，想要獲得更好的生活，就必須付出更多的努力，誰能更早明白這個道理並且去實踐，誰就走了捷徑。這是一個非常簡單的道理，但很多人不願意坦然面對。

摩根・斯科特・派克（M.Scott Peck）也在《少有人走的路》（*The Road Less Traveled*）裡寫道：「人生苦難重重，是世界上最偉大的真理之一。它的偉大在於我們一旦想通了它，就能超越人生。當我們真正理解人生本就艱難之後，我們就再也不會對人生的苦難耿耿於懷。」

努力從來不是一時興起，而是日積月累的堅持，這一路或許註定坎坷、迷惘、痛苦，失敗與影相隨，但在它們的背後是自信、成長和幸福。

學會選擇，別把成敗交給命運

既然有選擇，就一定有代價

選擇，大到選專業、選工作、買房、結婚，小到吃什麼、穿什麼。人們無時無刻不在做選擇。有些選擇無關緊要，但是有些選擇一旦選錯，可能就是萬丈深淵。

我認識一位老師，他當時準備買房，頭期款完全沒問題，但聽朋友介紹某個投資能獲利很多，不出意外的話，別說一間房，兩間房的全款都可以賺到。財迷心竅的他，把幾十萬元的存款全部投了進去，結果血本無歸。後來他為了翻本，還借了不少錢。這是典型的賭徒心理，看到誘惑就孤注一擲，眼睛只盯著利益，心裡卻忘了極有可能的損失。

為了不讓自己遭受巨大衝擊，就必須拔除這種賭徒心理，設置停損點（如賠了二〇%就要收手，賺了二〇%也要收手），避免某項投資失利導致生活陷入窘境。既然有選擇，就一定有代價，但前提是有能力承擔。人生中每一次重大的選擇，都意味著人生道路的重新修訂，選擇不同也意味著未來道路的不同。

記得我上大一的時候，特立獨行，對學生會和社團的活動都不感興趣，一個都沒參加，還安慰自己多一事不如少一事，不要把生命浪費在跑腿和各種聚會上。

這樣的選擇，讓我過得很輕鬆安逸，上午沒課睡到大中午，沒事就看電視劇，期末考試臨時抱佛腳，結果期末當了一科。而正是這次當了一科給我敲響了警鐘，讓我意識到，大學四年如果我選擇輕鬆安逸的生活，那麼就要承擔成績差，甚至以後找不到好工作的代價。

這個代價顯然是我無法承擔的，所以我及時醒悟，認真對待大學生活。

做出正確的選擇，用這3個方向思考

機會成本

經濟學上有個名詞叫「機會成本」，專業解釋為「在面臨多方案擇一的決策時，被捨棄選項中的最高價值者，即是本次決策的機會成本」。也就是俗語說的「魚與熊掌不可兼得」。

簡單來講，假設只能從A、B、C、D四個選項中選擇一個，你選擇A，就不能選擇其他三個，而剩下這三個選項中哪個價值最高，你的機會成本就有多高。

奧地利經濟學家弗里德里希・馮・維塞爾（Friedrich von Wieser）認為，只要有選擇、取捨存在，機會成本便存在。若能把機會成本降至最少，那麼為了現行選擇所放棄或犧牲的代價也是最少。機會成本是經濟學中廣泛應用的概念，不僅可用在個人決策中，還可擴展至商品財貨的生產、交換和分配等經濟領域。

選擇因素包容度

還可以嘗試用「選擇因素包容度」這個方法。選擇因素包容度指的是人們對選項的接納程度。以買房來說，要考慮的因素極多，價格、位置、附近交通、社區綠化、公社面積、採光等都要納入考量的範圍。毫不誇張地說，想要買到一間所有因素都令人滿意的房子，機率幾乎為零。

人們對選擇因素包容度的看法是不同的，有人對價格非常敏感，寧願犧牲一定的交通便捷性、採光度，追求一個實惠的價格。但也有人寧願多花一點錢，為採光、社區綠化付出代價，這就是對選擇因素包容度的不同。

在面對選擇因素眾多的複雜選擇時，你可以拿出一張紙，列出所有要考慮的因素，然後將幾個對自己而言必須滿足的要點圈出來。比如價格：想要一萬元以內，可能這個城市就只有兩三個區域可以實現，那麼其他城區就不在考慮範圍內。接著再加入其他因素，不斷縮小選擇範圍。

這時候就會有兩種情況：第一種是因素添加完，還有選擇的餘地，這就再好不過了，直接在優中選優即可；第二種就是沒了選擇，這時候就需要剔除一些因素，或者放寬某些條件的限制。比如，一開始設置的條件是，房子必須離捷運出口步行不到五百公尺，這時可以適當放寬至八百公尺甚至一千公尺，看看是否有選擇。如果還沒有，繼續放寬其他條件，直到有一個合適的選擇出現。當然，這裡的放寬條件也不是無限制的，只是適當。

反向選擇法

除了正向選擇，也可以活用反向選擇（adverse selection），又稱逆向選擇。經常有人說：我不知道自己想要什麼，但我知道自己不想要什麼。如果你不想房子靠近馬路，就先剔除在馬路邊的房子，不斷縮小範圍。不僅僅是買房，求職、選科系都可以用這個方法。

開啟吸引力法則

如果沒有方向，怎麼走都只是遊蕩，颳來的狂風都是逆風。二〇一六年是我人生極為重要的一年，也是我快速成長的一年，這一切都源於選擇堅持寫作。

選擇就意味著放棄，選擇A就會失去B，但因為精力的集中，收穫也來得更早。為了寫作，我放棄了看電視劇、組隊打電玩。把時間用在哪裡，哪裡就有收穫。當室友討論一個又一個新的電視劇時，我再也不插話；當朋友邀請我一起組隊打電玩時，我也選擇了拒絕。

心之所願，身相隨之。把看電視劇的時間用來閱讀，把打電玩的時間用來寫作，選擇的不同讓我有了不一樣的大學生活。

當一個人的思想集中在某一個領域的時候，跟那個領域相關的人、事、物就會被他所吸引，這就是吸引力法則。

參加講座時，我認識一幫志同道合的朋友；參加讀書會，每週一次的思維碰撞讓我興奮；舉辦線上課程，讓更多人瞭解時間管理的相關知識。這一切都是看電視劇和打電玩不能給予的。

選擇的不同，讓我們有了不一樣的人生。選擇逃避，便會永遠被困難支配，生活在苦難的陰影下；選擇面對，在痛苦中歷練，在磨難中求生，最終定能涅槃重生，蛻變成更好的自己。

很多時候，選擇並沒有對錯，有時那些看起來很傻的決定，對選擇者本身而言卻是最佳的選擇。無論哪種選擇，最重要的還是選擇者本身的態度，有了目標和方案，就請埋頭苦幹。沒有努力，再好的選擇也只是空談。即使選擇錯誤，只要不是大錯，也將是人生的另外一道風景線。

知名廣告人李奧・貝納（Leo Burnett）說過：「伸手摘星，即使徒勞無功，亦不致滿手汙泥。」不要在該奮鬥的時候選擇了安逸，也不要在該投資自己的時候吝嗇，你選擇怎樣的人生態度，就會擁有怎樣的人生。我們的眼睛望向哪裡，腳步就會朝向哪裡邁進。

好選擇的判斷有訣竅，抓住3大共同點

若我們仔細觀察那些好的選擇，可以發現存在很多共通性。總體而言，一共有以下三點。

職業的複利效應高

雖然職業沒有高低貴賤之分，但不同職業的可發展性，卻有著天壤之別。關於職業，可以簡單地分為兩類。

第一類就是單純靠賣時間掙錢，沒有複利效應的工作。比如保安、司機，這類職業付出的時間越多，得到的就越多；一旦停止付出，收益也隨之停止。

第二類就是複利效應高的職業，比如醫師、作家等。醫師越老越吃香，隨著經驗的積累，口碑也會持續發酵，可以說是終身職業；優秀作家出版一本書，就會有版稅

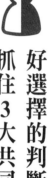

的收入，如果賣得好，便可以產生源源不斷的收入。

如何判斷自己所從事的職業位是否擁有複利效應？其實很簡單，就看看「睡後收入」有多少？這裡的睡後收入是指睡一覺醒來就有的收入，你不用去做些什麼，收入也會持續增加，也就是人們常說的「被動收入」。

交友圈有足夠的正能量

如果說，一個人的收入，約等於與他接觸最多的五個人的平均收入，你會相信嗎？你可能會嗤之以鼻，覺得是無稽之談，反駁道：我的收入怎麼會由別人來決定？

那不妨現在就拿出一張紙，列出你常接觸的五個人，如果不瞭解他們的收入，那就簡單地給這些人打個分數，同時給自己也打個分數，最後算一下平均值，看看是否很接近。

這個理論就是社會學裡著名的「密友五次元理論」，由美國傑出的商業哲學家吉米・羅恩（Jim Rohn）提出。這一理論讀起來平淡無奇，但背後蘊藏的卻是最根本、最實用的成功學法則：環境的力量。

物以類聚，人以群分，和什麼樣的人在一起，就會有什麼樣的人生。和勤奮的人在一起，你自然不容易鬆懈；和頹廢的人在一起，就會情不自禁地跟著消沉。與有學問的人相處，你的學識便會漸高；與品行粗鄙的人來往，你自己也會越來越沒格調。

孟母三遷的典故大家都耳熟能詳，孟子小時候沒有能力改變自己的環境，只能依靠父母，而作為成年人的你，現在就是自己的「孟母」了。

要選擇和優秀的人做朋友，和正能量的人交往。如果你是大學生，就不要錯過圖書館的資源；如果你已經步入職場，有機會的話就多參加一些學習類的講座。在一個積極向上的環境中，每個人都在努力，你不知不覺地也會被推著前進，逐漸變成更好的自己。

擁有長遠的時間觀，懂得拒絕眼前誘惑

什麼叫作時間觀？

簡單來說，就是能站在未來多久看待當下。如果你的時間觀是一個小時，那就說明你很容易被眼前的誘惑所吸引，比如看電視劇、刷臉書，都是時間觀短淺的體現。

相反，如果你的時間觀是一年，便能夠從更長遠的角度審視當下，知道自己要什麼，至少知道自己不要什麼。

至於如何培養長遠的時間觀，有個小方法非常實用，只需要在做這件事前問問自己：一年後，我會後悔做這件事嗎？如果不後悔，就放手大膽去做吧；如果後悔，就果斷放棄吧！

用「好的標籤」，成功推銷自己

3個標籤，快速認清自己

現代社會是一個崇尚多元化的社會，很多人想要特立獨行，想要成為自己，可是當很多人被問到什麼才是自己時，都會一頭霧水。

至於如何找到自己，這個話題本身就很空泛，所以可以先試著縮小問題的範圍，從而找到問題的答案。找到自己，換句話說就是發現自己的價值，認清自己的定位。

雖然大家都很討厭被貼標籤，但貼標籤這件事真的不好嗎？

首先，心理學上有個效應叫「標籤效應」，它指的是當一個人被貼上某個標籤後，便會自動做出調整，使自己的行為與所貼的標籤內容相一致。

客觀上講，如果你能夠找到一個好的標籤，便能給自己更多的力量，就好像有一個目標放在心裡，督促自己成為你想要成為的那個人。

其次，好的標籤降低人際溝通的成本。**雖然現在是一個去標籤化的社會，但不得不承認，這也是一個依賴標籤化的社會。**

網路時代，很多人的工作需要每天接觸大量的陌生人，如果和每一個人都試著交往，時間成本、精力成本都過高。但如果能有一個標籤，比如「PPT達人」或者是「時間管理達人」，當他人有這方面的需求時，自然就有會加速進一步交往的動機，如果沒有也不至於耽誤雙方的時間。

所以，不要妖魔化標籤這件事，它並不可怕，理性看待才是關鍵。如果現在就讓你用三個標籤來介紹自己，你會怎樣介紹呢？一時想不到的話，可以嘗試以下幾個思考方向。

1. 工作

工作，就是能最迅速介紹自己的標籤。職場工作中對第一次合作的人，人們都習慣遞出一張帶有職稱的名片，這也是人們最常接觸到的標籤。每個人的工作職稱，就是自己的第一個標籤。

2. 特長

很多人想到特長，第一時間想的就是唱歌、跳舞等才藝，而且一定得是自己非常擅長的事情。這樣的想法不完全對。

當然，當某個人的特長非常傑出時，便可以在很多人面前成為專家，但這並不代表著必須達到某領域的頂尖水準時才叫特長。

專家也可分為全球、全國、全市甚至全縣、全鎮、全村，當達不到太大的目標時，可以試著縮小一定的範圍。當不了全國專家，就當個全市專家，當不了全市專家，就當個全縣、全村的也可以。甚至只需要讓身邊的人知道，並且肯定你的特長，你說的特長就可以成為你的一個標籤。

比如一開始我寫時間管理，雖然當時不夠有系統也不專業，更談不上是研究時間管理的專家。但我願意分享自己的經驗教訓，敢於去談自己對此的理解感悟，在這個過程中逐漸得到很多人的認可，讓他們想到時間管理就想到了我，最終成為自己的一個標籤。

3. 對待生活的態度和學習的熱情

生活就是一面鏡子，你願意看到什麼，你就更容易看到什麼，發現美好本身就是一種能力。「職業和特長是標籤」這點比較好理解，但為什麼態度也能成為一種標籤呢？

我認識一位前輩，為了參加活動，四十多歲的她專門從新疆坐飛機到上海。活動結束後，大家一起聊天，分享當天的收穫感悟。就在我們紛紛調侃一些嘉賓頻頻出錯、不夠專業、分享內容過大過空洞時，她的一句話擊中了我，她說：「我覺得他們挺好的，雖然失誤了，但讓我覺得很親切，原來他們並不是高高在上的，和我們一樣啊！」

正因為這句話，突然讓我發現，**標籤的定義不應該侷限在某種技能或某項特長，能夠帶給身邊的人某種力量，也可以被貼上標籤**。當人們在想到你的時候，如果能夠讓他開心、讓他覺得很舒服，那也是一種標籤。因為貼標籤的目的之一，不就是降低溝通成本，從而更好地與人交流嗎？

找到自己的標籤，未來才剛剛開始

但你可能會問，我既沒有特長，也沒有上述那位前輩的激情，又該如何給自己貼標籤呢？

最簡單的方法就是和朋友聊天。每個人都是獨一無二的，雖然這句話很俗氣，卻是真理。或許自己看不到自己的亮點，但其他人卻能在你身上看到亮點，所謂當局者迷，旁觀者清，就是這個道理。當找不到自己的標籤時，不妨問問熟悉的朋友，你的特長在哪裡？

如果上面的方法都用盡了，你還是找不到自己的標籤怎麼辦？答案就是：從現在開始培養。「種一棵樹最好的時間是十年前，其次就是現在。」如果你真的找不到自己的標籤，發現不了自己的特長時，就從現在開始，打造屬於你的特長。

成功的定義有很多，每個人的標籤也不是唯一的，但人生最可悲的就是，既活不成別人，又弄丟了自己；既抓不住明天，又荒廢了當下。

每一個堅持做自己的人，都會堅持過好每一天，認真對待每一件事，更會全力以赴地迎接每一次挑戰。願你早日找到屬於自己的標籤，找回自己。

試著放下面子，就能放過自己

別拒絕面對真實的自己

「你啊，就是臉皮太薄了。」

「你啊，實在是太愛面子了。」

我曾不止一次收到類似的評價，以前我並不覺得這是一個大問題，甚至小時候的我都很享受這件事。因為我覺得臉皮薄就是知羞恥，愛面子的人也一定會乖巧懂事，不會犯大錯，是父母眼裡的乖小孩。長大後才逐漸發現，面子這東西，絕對稱得上是大多數人最難放下、又最沒用的東西。

懂事後觀察身邊很多朋友，發現他們常常為了面子為難自己，錯失很多成長的機會。我自己常用以下三點來檢視、提醒自己，是否又犯了掛不住面子的壞習慣，而總是能及時剎車，不再犯那些幼稚的錯誤。

面子有時就像一張面具，戴得太久就會長到臉上，連主人公都忘了自己原本的模樣。錯並不丟人，丟人的是不願意面對錯誤，不願意面對真實的自己。

別一步步將自己拖入泥沼

和朋友聊到暑假兼職時，他對此嗤之以鼻，一臉鄙夷地說：「那些都是廉價勞動力，只是單純地賤賣時間而已，根本沒有任何用處。」

我不否認某些工作的技術含量確實很低，但讓人反感的是，說這話的人每年還領著貧困補助金，好幾次因為沒錢吃飯而四處借錢。然而，社工幫他找了一份餐廳兼職的工作，他卻拒絕了。私下和我們抱怨那樣的工作都是初高中生才做的，學有專精的大學生去做實在太丟人。因為愛面子而拒絕打工，讓他的經濟陷入更加窘迫的地步。

一個人活在社會上，如果不受點委屈、不受點歧視就很難強大起來！其實，最丟人的不是在外面賣苦力，而是明明想要卻不敢說出來。

李嘉誠有句話說得非常實在：「當你放下面子賺錢的時候，說明你已經懂事了；當你用錢賺回面子的時候，說明你已經成功了；當你用面子可以賺錢的時候，說明你已經是人物了；當你一直停留在那裡喝酒、吹牛、睡懶覺，啥也不懂還裝懂，只愛所謂的面子的時候，說明你這輩子也就這樣了。」

別拒絕成為一個更好的自己

我認識一個女孩，非常喜歡寫作，她的夢想就是出版一本書。瞭解我的經歷後，她決定先在創作平台申請一個帳號，積累人氣，但半年過去了，她公開發表的文章只有兩篇。聚會時問她原因，她笑了笑說：「實在過不了面子這關，總覺得自己寫得太差，會被人笑話。計劃等自己的文章達到平均水準後再發表。」我反問她：「怎樣才算平均？」她支支吾吾沒有說明白，因為寫作這回事根本就不存在一個平均的標準。

寫作本就是一個交流的過程，犯錯不可避免，這些都是成長的必經之路。有誰能保證自己的觀點就一定正確，又有誰生下來就妙筆生花、曲盡其妙呢？

有太多人為了避免結束，而拒絕了一切開始。女孩的作法看似沒有錯，畢竟不發表就不會被人發現錯誤、不會被人嘲笑，但正是因為逃避，她錯過了一次次寶貴的成長機會。

為了面子修改答案、為了面子拒絕兼職、為了面子放棄寫作，最終也會因為愛面子而丟掉一個更好的自己。

重點整理

- ☑ 關於眼界這件事，雖然家庭教育是基礎，但自我教育才是關鍵，當前者不足的時候，就得加大對自我的投資。
- ☑ 在面對因素眾多的複雜選擇時，你可以列出所有要考慮的因素，先將幾個對自己而言必須滿足的要點圈出來。接著再加入其他因素，不斷縮小選擇範圍。
- ☑ 當一個人的思想集中在某一領域的時候，跟這個領域相關的人、事、物就會被他吸引，這就是「吸引力法則」。
- ☑ 好選擇的有三大共同性：職業的複利效應高、交友圈有足夠的正能量、以及擁有長遠的時間觀。

NOTE

在資訊碎片化的時代，如果不假思索地全盤接收獲取的資訊，一定會造成資訊負荷超載，也將被淹沒在資訊洪流中。因此誰能夠更系統地掌握資訊，誰便擁有了持續制勝的有力武器。

第五章

你是反射思考，還是用5WHY分析資訊？

與其迷戀「乾貨」，不如用5WHY分析法整理資訊

你也常陷入資訊焦慮嗎？

早前，宏碁（Acer）招聘所發布的《二〇一七年中國白領滿意度指數調查報告》顯示，排名第一的年度關鍵字是「焦慮」，諸如工作壓力大、薪資不滿意、人際關係緊張等，都是大多數人提及的問題。

除此之外，這份報告最吸引我的地方，是對上班族閱讀、運動習慣的調查：約四〇%的被調查對象整年沒有讀過一本書，五〇%的上班族沒有定期運動的習慣。

在這個全民焦慮的年代，我們應該學會「野蠻生長[7]」，擁有持續學習的能力。比如：一套屬於自己的資訊管理體系。唯有如此，才能自如地面對資訊洪流，不被其淹沒；才能培養出融會貫通的能力，解決現實問題。

資訊焦慮的典型特徵，就是對收集「乾貨[8]」的迷戀，注意這裡說的是收集，而

不是閱讀。前者通過自欺欺人式的假勤奮麻痺自己，掩蓋懶惰的事實，而後者則是完善更新已有知識體系的必要過程。不過，凡事過猶不及，過度迷戀閱讀乾貨而拒絕行動，也是資訊焦慮的典型症狀。與其迷戀乾貨，不如先學會如何整理資訊。

資訊的質比量更重要

趁週末有空，我打算整理一下自己的電子資料。我的硬碟裡，當初花了不少錢買的創業類課程，下載查看的還不到百分之一；報名參加的網路課程，累積已有三百多節；微博、微信文章的收藏更是數不勝數。

資訊碎片化時代，人們獲取資訊的途徑越來越豐富，於是人們有了一種錯覺，好

❼ **野蠻生長：**指具有超出環境能承受的破壞性，會影響其他物種生存的生長。

❽ **乾貨：**指通常由電子商務工作者分享的網路推廣、行銷的文章和方法。因為這些方法都是實用性比較強，不含灌水成分，也沒有虛假的成分，所以業內人士通常把這一類分享文章稱為「乾貨」。

像收藏了哪篇文章，就可以瞬間掌握它的精髓。總有人把乾貨當作成長的捷徑，拚命收藏。但事實證明，這些人不會的依舊不會，收藏了那麼多乾貨依舊一事無成。就像那張早已經過期的健身會員卡，毫無用處。

為什麼乾貨沒用？為什麼被很多人奉為經典的方法，套到自己身上就無效了？這個問題曾困擾了我許久，直到自己寫文章才發現：所有的方法論不過是作者實踐的產物，每個人所處的環境不同，同樣的方法對作者有用，對其他人可能就完全無效。

這個道理很簡單，但就是有人不願意跳出這個誤區。因此，對待任何方法論，借鑑可以，切勿照搬挪用。

學會斷捨離，避免成為資訊的囤積者

資訊的斷捨離之術

「斷捨離」來自日本作家山下英子所寫的《斷捨離》一書。所謂斷捨離，就是透過整理物品瞭解自己，整理心中的混沌，讓人生舒適的技術。

斷意即斷絕不需要的東西。從源頭出發，不買雜七雜八的物件，再怎麼高性價比的物品，如果自己不需要也是廢物。

捨意即捨棄多餘的東西，兩年都不穿的衣服還留著當傳家寶？丟吧，別壓抑自己的天性。

離意即遠離對物質的迷戀，讓自己處於寬敞舒適、自由自在的空間。

那麼，是否可以用「斷捨離」的理念，將自己收藏的幾千條乾貨整理一番呢？

第一步：斷

資訊時代，精簡資訊來源也是減少時間浪費的技能之一。是時候給自己的人生做一次減法了。

如同你買一張健身房會員卡，不等於真正擁有好身體一樣，收藏乾貨不等於掌握實際技能。收藏的文章再多，如果沒有深入學習將其化為己用，也沒有任何意義，你充其量就是一個資訊搬運工。

第二步：捨

當你覺得收藏的資訊實在太多，整理不過來時，要善用搜索技能，幫助你快速找到想要的資訊。

當然，最好的辦法還是構建一套新的知識管理系統。不妨從今天開始，將遇到的資訊都進行分類整理。最簡單的分類方式，就是遇到一篇新文章就貼一個標籤，下次遇到同類型的就放進去；如果不是，就再貼一個標籤，一直持續下去，最終形成一套屬於自己的標籤體系。

第三步：離

少迷戀乾貨，與其迷戀收藏它們，不如靜下心來踏實學習。學習這事偷懶不得，最好的捷徑就是腳踏實地。

收集資訊的目的不是為了好看，而是為了解決問題，所以分類整理只是一個過程，千萬不要被各種花俏的整理方法迷惑，懂得將收集的資訊轉化為自己的認知，並用它解決問題才是關鍵。

這時，引入DIKW模型，就可以獲得解決，收藏的乾貨文章不過是資料的收集而已，想要真正轉換成智慧，還需要經過資訊和知識兩大關卡。

所謂的DIKW模型，是被公認為資訊管理的經典理論之一。DIKW並不是一個英語單字，而是Data、Information、knowledge、Wisdom這四個英語單字首字母的縮寫，分別代表資料、資訊、知識和智慧。DIKW模型認為，一個人對資訊管理的能力可分為四級，即DIKW模型的四個層次。

第一層是收集資料的能力。即簡單的資料收集，如同大多數人日常的收藏習慣一樣，沒有邏輯、沒有歸納、沒有篩選。

第二層是資訊層。相比資料層，資訊層分類更強，邏輯性更突出，是對資料層的篩選總結。資訊斷捨離之術可以有效實現從資料到資訊的過渡，但想要到資訊管理的第三層，資訊斷捨離之術就顯得微不足道了。

第三層是知識層。它強調對行動的指導價值，資料層和資訊層只是對海量資訊的輸入，基本沒有輸出的過程。知識層需要資訊管理者充分發揮主觀能動性，在對資訊層的內容熟練掌握後，形成一套屬於自己的方法，為行動提供明確的方向。

第四層是智慧層。這一層的境界很高，知識層只是教會人們使用現有資料、解決當前的問題，而智慧層則要求人們取

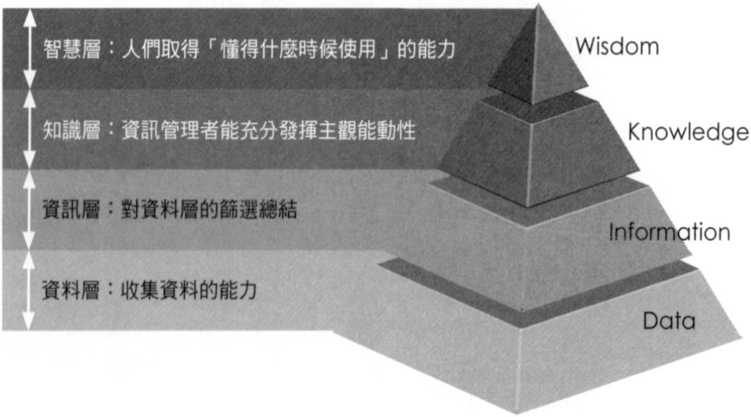

【圖5-1】DIKW模型

得「懂得什麼時候使用」的能力，即要求具備一定的預測和創新能力。

在資訊的碎片化時代，如果不假思索地全盤接收獲取的資訊，一定會造成資訊負荷超載，也將被淹沒在資訊洪流中。同理，在資訊的碎片化時代，誰能夠更系統地掌握資訊，誰便擁有了持續制勝的有力武器。

想解決問題，問問自己找到原因了嗎？

關於解決問題的兩個故事

第一個故事來自美國作家唐納德・高斯（Donald C. Gause）的《你的燈亮著嗎？》一書，書的開篇講的是郵差彼得修電梯的故事。

高譚市的雷龍大廈

在高譚市金融區的中心地帶，矗立著富麗堂皇的雷龍大廈，樓高七十三層，大廈剛剛落成，就存在一個致命的問題：大廈的電梯系統不夠完善，運行速度遠低於正常速度，嚴重影響租戶進出。見問題遲遲得不到緩解，雷龍大廈的租戶抱怨道：「如果不盡快改善電梯服務，就退租。」於是，大廈高層便派彼得去解決這一問題。

彼得很快就拿出了處理方案：在每層電梯的等候區放一面鏡子。因為人們的虛榮心作祟，等電梯時即使心急也仍會強裝鎮定，時不時地對著鏡子整理下衣衫。因此，抱怨的聲音果然在短時間內少了很多，大廈高層高興地拍了拍彼得的肩膀，並獎勵了他。可是好景不長，電梯運行的速度仍舊很慢，一些心急的人便開始在鏡子上搞破壞，肆意塗鴉。

為瞭解決這個問題，彼得又想出一個妙計，他提議乾脆放上一些蠟筆和畫板，讓那些想畫畫的人有一個宣洩的地方。最終，鏡子被破壞的問題也得到了暫時性的緩解，大廈高層再一次獎賞了彼得。

但是，越來越多塗鴉的出現讓一些人感到厭惡，他們開始向相關部門投訴。就這樣，租戶們在不斷抱怨中度過了近一年，彼得也在解決一個又一個問題中艱難前進，直到電梯公司來例行檢修。

很快，他們便在主控制箱裡發現了一隻老鼠，這隻被困的老鼠為了逃命，咬壞了其中一個主控繼電器，導致電梯動力不足，運行速度自然達不到正常標準。發現問題後，電梯維修工換了主控繼電器，運行速度立即恢復正常。自此，雷龍大廈電梯運行緩慢的問題就徹底得到瞭解決。

從發現電梯運行速度慢到徹底解決問題，彼得先是安置鏡子，再到放蠟筆和畫板，都沒有從根本上解決問題，反而使問題越來越多。這也是很多人常犯的錯誤，待解決的問題永遠都浮在表面，沒有真正解決。

就好像總有人來問我壓力大該怎麼辦？我告訴他們應該面對困難。但現實裡，沒有多少人真的有勇氣、有能力去面對困難。這樣做沒有什麼可批判的，畢竟跳出舒適圈這話說起來容易，做起來太難。

但問題就在於這個苦不吃、這份罪不受，就很難有所突破。一味地逃避，只會讓自己的心理負擔越來越大，雖然逃避可以帶來短暫的歡愉，但代價就是自己持續性的後悔和自責。

日本的空肥皂盒

第二個故事來自日本，當時日本最大的化妝品公司收到客戶的抱怨，說買來的肥皂盒裡面是空的。於是工程師們為了預防生產線再次發生這樣的事情，想盡辦法發明了一台X光監視器，可以透視每一個出貨的肥皂盒，問題最終也得到瞭解決。

同樣的問題也發生在另外一家小公司，但他們的解決方法非常簡單，他們買來一台強力工業用電扇去吹每個肥皂盒，被吹走的便是沒放肥皂的空盒，問題同樣得到了解決。

同一件事，同樣的結果，兩種截然不同的辦法，付出的成本卻有天壤之別，這就是著名的「奧卡姆剃刀」定律——當你有兩個處於競爭地位的理論能得出相同結論時，那麼簡單的那個更好。

在奧卡姆剃刀定律下，兩家公司的做法並不相同，也都解決了肥皂盒裡面沒有肥皂這樣一個問題，但孰優孰劣一目了然。

解決問題前，不妨先試試5WHY分析法

有問題就要立即去解決嗎？看完兩個故事後大家心中都有了答案。沒有找到問題的根本所在就去解決，多半只會憑添煩惱。所以，解決問題的第一步就是找到問題的所在。

管理學上有個著名的法則叫吉德林法則（Jidelim Law），它是由美國通用汽車公司管理顧問查理斯・吉德林所提出的。他說：「只要人們能夠把難題清清楚楚地寫出來，那這個難題便已經解決了一半。」

在瞬息萬變的環境裡，雖然解決問題的方法各不相同，也不存在一個固定規律，但解決思路卻有共性可循。即遇到難題，不管你想怎樣解決它，成功的前提就是看清楚問題的關鍵在哪裡。當能夠看到問題的癥結所在，解決問題的方法也就呼之欲出，剩下的部分就是執行了。

找到問題的本質並不是件易事，凡事多問為什麼才能撥開雲霧，找到一點思路。這時候，你就不妨試試5WHY分析法。所謂5WHY分析法，又稱「5問法」，也就是對一個問題點連續以五個「為什麼」來自問，以追究其根本原因。

5WHY分析法，簡單來講就是對遇到的問題連續提問，直到找到問題的關鍵。它最大的好處就是可以避免瞎忙，能夠從結果著手，順藤摸瓜，最終找出問題的根本原因。

雖然這個方法叫作5WHY分析法，但使用時不侷限次數，主要目的是找到問題的根本原因，有時可能只要三次就可以找到，有時需要十次甚至更多。總之，打破砂鍋問到底才是核心，次數並不重要。

掌握4個要領，讓別人更樂意幫助你

為什麼你找人幫忙，總是被拒絕？

為什麼你的提問，經常被人選擇性忽略？

在不瞭解某個領域的情況下，如何提出一個好問題，增加獲得別人幫助的可能性呢？你必須掌握以下四個要領。

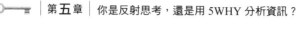

要領一：掌握基本的社交禮儀

當面對面請求他人幫忙時，最大的好處就是可以直觀地觀察到對方的情緒變化，大致判斷出對方是否有時間、是否有心情回答自己的問題。

線上的提問就沒有這些優勢，因為不知道對方是否在忙。於是有很多提問者會習慣性地問：「您好，在嗎？」然後就沒有其他訊息了。這是請人幫忙的一大禁忌，也是日常聊天中的一大禁忌。提問時，最好一次性組織好語言，告訴對方你想要辦的事情，把回答的選擇權交給對方。

同時，一名好的提問者還要懂得給被提問者台階下。有時候，你的提問會超過被提問者的能力範圍，又或是對方正在忙沒有時間及時回覆。所以在提問時不妨加上一句話：「等您有時間的時候再回答我。」這樣就會顯得禮貌很多，對方也都樂意回答。

提問就是請人幫忙，既然涉及人與人之間的溝通問題，自然就屬於社交的範疇。人在江湖，一點規矩都不懂，又怎麼可能馳騁江湖？

要領二：懂得換位思考

提問時一定要有自我介紹：告訴對方你是誰、有什麼特別需要向對方說明的地方。提問結束後，不管對方是否幫助到你，「謝謝」兩個字都必須時刻牢記。

我經常會遇到一些向我諮詢時間管理的朋友，有時回答他們一個問題，前前後後得花費一個多小時，但最後連一句「謝謝」都沒有。有時甚至明明是他來請我幫忙，事情說到一半，就突然消失了。這時候我雖然沒有明說，但在心裡已經給這些提問者貼上一個不可靠的標籤，下次他再向我提問時，我便會有所顧忌。

一直以來，我都覺得社交其實很簡單，就是學會「換位思考」。想想看，如果你是被提問者，你會怎麼想，又會怎麼做呢？

要領三：避免問題過大過空

我經常會收到這樣的提問：如何寫作？如何度過大學四年？怎樣找到一份合適的工作。**當你的問題越大，你得到的答案也就越籠統，可操作性也就越低。**

比如說「如何找到一份合適的工作」，當對方不瞭解你的具體情況時，最可能得到的答案就是「根據自己的興趣愛好，找一個你喜歡的。」這樣的回答有錯嗎？當然沒有，但對你幫助有多大呢？或許你會接著提問：「如何找到自己的興趣愛好？」此時，如果被提問者正好有時間，心情也不錯的話，便可能回答：「你得大膽嘗試，在行動中找到答案。」又是一個很籠統的答案。這樣的回答沒有錯，但是可操作性很低。

倘若你是一位打破砂鍋問到底的人，或許你會接著提問，透過一步步的反覆追問進而縮小問題的範圍，直到找到問題的突破口。這個思考的過程對個人成長非常有用，但問題是別人憑什麼幫助你呢？你的問題是解決了，但你不覺得浪費他人的時間嗎？沒有誰有義務給你答疑解惑。還是那句話：得學會尊重他人的時間。所以，提問的第三個要點就是：不要一上來就丟給被提問者一個大而空的問題。

要領四：學會獨立思考

就拿早睡這件事來說，很多人都有熬夜的習慣而且想要有所改變，於是看了很多相關的文章，瞭解不少實用的方法。但實踐下來，卻發現幫助有限，這到底是怎麼一回事呢？這是因為大部分的乾貨只是解決共同性問題，而每個人遇到的問題是有特殊性的，每個人熬夜的原因也不大一樣。

有人是因為過度依賴電子產品，喜歡在睡前玩手機；有人是因為居住環境比較吵鬧，難以入睡；有人是因為白天工作效率低下，不得不利用晚上加班工作。又或者，一些人是失眠所導致的熬夜。這些原因導致的最終結果都是熬夜，但想要解決熬夜這件事，處理的方法就必須對症下藥。

一個因為愛滑手機導致熬夜的人，你讓他去看醫生治療失眠，是不是就有點荒謬？但這樣的錯誤的確經常發生，人們還不瞭解到底是什麼原因造成現在的困擾，就急著尋找處方，於是問題最終很難得到解決。

所以提問時要學會獨立思考。或許你因為能力有限，很可能一時難以找到問題產生的真正原因，但和前述不要提出空泛的問題一樣，在提問前自我準備的工作不能少，不能把所有思考的權力都讓給別人。

最後總結一下：想要提高提問的品質、得到他人的幫助，尊重他人時間的觀念必須牢牢樹立。在此基礎上，還需要掌握基本的社交禮儀、懂得換位思考、不要問過大的問題，並學會主動思考。

思考的權利你讓給了誰？

哲學家伯特蘭・羅素（Bertrand Russell）曾說：「許多人寧願死，也不願思考，事實上他們也確實至死都沒有思考。」

大多數人不願意思考，因為思考很麻煩，會花費大量的時間、精力，有時候還很難得到想要的結果。除此之外，拒絕思考的原因還有很多，有些人單純覺得沒有意義，也有人只是怕承擔責任。總之，他們都把思考的權利讓給別人。

時間管理上的斷捨離

你有沒有想過如何將「斷捨離」運用在時間管理上呢？

對斷捨離理念的學習、實踐可以說是每一位職場人士都必須做的。這個理念其實也是每一位學生需掌握的新知識，但具體該如何操作呢？

1. 斷，不把計畫排得過滿

如今人們過於焦慮，總覺得自己會被社會淘汰，拚命地報名各種補習班。看到別人做手帳也想學習，看到別人學寫文案也打算嘗試。

雖說技多不壓身，擁有多項才藝終究是好的，但與其淺嘗輒止皆有瞭解，不如精於一門認真研究。一天只有二十四個小時，扣除睡覺、吃飯後，只剩下十五個小時左右。再除去工作時間，留給自學的時間非常有限。想學的太多，並不會顯得你求知欲高，反而會暴露你知識焦慮的症狀。沒有目標和方向，就會如工蟻一般，做大量重複的工作。

不把計畫排得過滿，一來可以有效預防意外事件的干擾，做到遊刃有餘；二來因為人都需要休息，忙碌不等於成績，會休息也是一種本領。要知道，人生如此美好，工作只是一部分。

2. 捨，捨棄不重要、不緊急的事情

現今是資訊爆炸的時代，每天都會產生大量的資訊，但並不是每條資訊都有價

值。下圖的四象限法則，不僅可以運用在時間管理，還可以用來分類自己所面對的資訊。根據四象限法則，每天要做的事情可以分為緊急重要、重要不緊急、緊急不重要、不緊急不重要四大象限。

對於一個職場新人來說，快速掌握相關職業技能，就是緊急又重要的事情，必須花費大量時間、精力快速完成。看一些經典書籍便是重要但不緊急的事情，可以制訂計劃，循序漸進地吸收。還有一些資訊就需要果斷放棄了，比如一些娛樂新聞。

當然，分類並不是絕對的，比如對於一名娛樂記者而言，八卦消息就是他們緊急重要的事情。最讓人難以分辨的是那些緊急但不重要的資訊，它們最容易把人的注意力拉

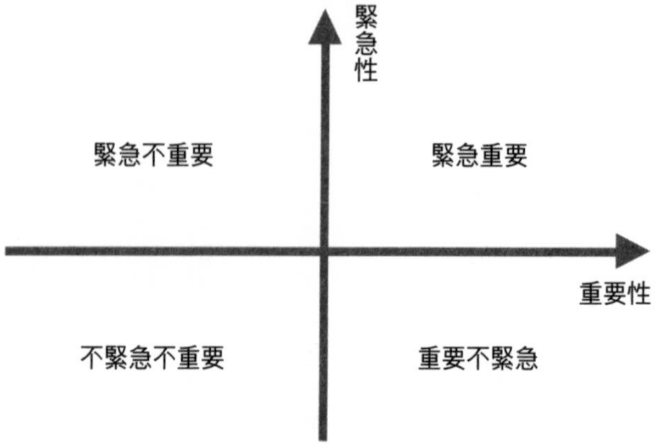

【圖5-2】四象限法則

走，比如讀書軟體推出的限時免費閱讀、臨時來訪的客戶等等。表面看似第一象限，因為突如其來的迫切感，會讓我們產生「這件事很重要」的錯覺。

3. 離，遠離對網路的高度依賴

對於時間管理上的「斷捨離」而言，擺脫對網路的依賴便是關鍵。靜下心來思考、閱讀，讓生活慢下來，讓碎片化的思考透過系統的閱讀成為新的體系。讓生活回歸本真，讓心靈得到淨化。

你是你思考的結果

說回思考上，我很喜歡看辯論節目。因為立場不同、切入點不同，能引發大量思考，幫助人們更全面地看待問題，這也是我經常參加座談會的原因。

例如，一個人在家讀書時往往氛圍不足、自制力又不強，更重要的是因為個人思考的寬度有限，往往會錯過書中很多精彩的內容。三五好友圍在一起，共同討論書中的某一章節，就會發現很多自己思考不到的地方，進而拓展思考的寬度。

我經常在想，為什麼我會陰差陽錯地走上研究時間管理的道路？現在看來，原因很簡單，因為在這一領域，我比大多數人願意花更多的時間去思考。思考最大的好處，便是讓自己更加接近事情的真相，而草率做事和思考的直接後果，就是過一個草率的人生。

每個人都擁有一套屬於自己的認知體系，人類本性上有追求新鮮事物的慾望，即熱衷對未知事物的獲取。如果不假思索地全盤接收獲取的資訊，一定會造成資訊負荷超載，我們也將被淹沒在資訊洪流中。相反，如果拒絕學習，對待任何資訊都持批判、懷疑的態度，我們也終將被時代淘汰。

所以，當接觸到一個新詞時，第一時間不要急著去否定或者肯定它，而是結合自己的既往經驗，看看是否有所重合，又有哪些差異，取長補短，最終將新的知識內化，形成自己的理論。

失敗有3種類型，你屬於哪一種？該如何跨越它？

別白白失敗

「啊，我又說錯話了！」

「啊，我又忘記帶行動電源出門了！」

「啊，我怎麼總是犯錯啊！」

⋯⋯

人們每天都在犯錯，失敗也不足為奇，考試失敗、求職失敗、演講失敗、比賽失敗等，甚至可以說，有的人一生都是在失敗中度過的。

每個人都害怕犯錯和失敗，但是比起恐懼失敗，更可怕的是選擇逃避和放棄。很多拖延症患者都是完美主義所導致，因為害怕失敗，所以選擇逃避和拖延，等到事情已成定局的時候，再反過來安慰自己：「你不是不行，你只是沒有竭盡全力去做，下一次，你一定可以做得很好。」然而，實際情況是，你永遠不去實踐與嘗試，永遠都註定失敗。

失敗的3種類型

老人家常說「吃虧就是佔便宜」。不過，比「吃虧就是佔便宜」更重要的是「經一事長一智」，不要在同一個地方跌倒兩次，總得從失敗中撈點什麼。

「失敗是成功之母」，但如果不對失敗有正確的認識，不從失敗中吸取經驗教訓，失敗就是失敗，跟成功毫無關係。

《抗壓力》一書中，作者久世浩司將失敗歸為三類，分別是可預知型失敗、不可避免型失敗和智慧型失敗。那麼我們就從這三類著手，談談如何「學會失敗」。

1. 可預知型失敗

因為大意或者計劃不周，導致事件超出預期所造成的失敗，都算是可預知型的失敗。比如，有次去參加一場上午十點的書店活動，我九點出發。因為下大雨，一出門就開始塞車，也叫不到計程車，於是我便選擇乘坐公車，書店近在咫尺，我卻只能站在車上乾著急。

當天回來我便寫了一篇日記，裡面有這樣一段反思：「下次活動，提前做好非常態下的準備（下雨天未充分考慮塞車問題）。此外，每次活動的主要負責人不能只有一位，要有備選方案。」

其實，很多時候錯誤是可以避免的。在我的九宮格日記裡，有一欄是錯題本。以下是我的錯題本部分紀錄：

三月一日，第三期座談會沒有做好發言統計，造成發放獎勵緩慢。下一次發言的時候做好備註。

三月七日，贈書活動沒考慮到書價上漲。下一次預留書價調整空間。

三月十一日，聽到反對的意見，第一時間便是反駁，態度過於強硬，沒能認真地思考問題。下一次聽到反對的意見，默唸十秒後再做回應。

……

對於上面這些已犯的錯誤，有方法地去改進，並督促現階段的自己認真對待。往後同樣的錯誤，便可以透過紀錄變得越來越少。

2. 不可避免型失敗

暢銷書《牧羊少年奇幻之旅》中有句話，我至今印象深刻：「只有一樣東西令夢想無法成真，那就是擔心失敗。」

有些失敗並不是可以控制的，又或者說不是你一個人可以控制的。如果失敗是因為超出自己的能力範疇，能分析是什麼原因造成的就好。切勿過度自責，更不要長時間背負內疚感。

怎樣的失敗屬於不可避免型失敗？簡單來說就是事情發生後，是否有能力去改變，如果沒有，這種失敗便是不可避免型的失敗。要注意的是，有些失敗可以重來，而有些失敗我們承擔不起。那些不考慮退路的人，不過是賭徒罷了。

3. 智慧型失敗

智慧型失敗和可預知型失敗很相似，但是智慧型的失敗主要發生在實驗階段，就是學會提前失敗，在自己可控能力下盡可能去失敗，讓失敗變得有價值。

智慧型失敗是一種模擬失敗的過程，拿番茄鐘舉例，很多人對它有抱怨，覺得番茄鐘太機械。鬧鐘計時的二十五分鐘內，人們總是受各種各樣的突發狀況影響，也總是無法在規定的番茄鐘時間內完成任務。但真實情況也許是，無法完成任務不是番茄鬧鐘出了錯，也不是注意力不夠，而是你制訂計劃的能力不足，高估了自己的能力。

比如寫作，我以前給自己安排八個番茄鐘，也就是兩個小時，看起來不少，但我堅持下來後發現，自己至少需要十二個番茄鐘，才可以將一篇文章基本定稿。雖然沒能在兩個小時內完成寫作任務，但是多次的失敗讓我看清了自己的真實情況，這樣在下一次制訂計畫時便會更貼近現實。

因此，在面對失敗與挫折的時候，不妨先冷靜地把失敗分類。將失敗當作朋友，把每一次的失敗都當作成功前的準備，從失敗中學習，在失敗中成長。

閱讀也得找些不痛快，嘗試更有挑戰的β型閱讀

80%的人都在假裝閱讀

讀書的目的不外乎兩種：消遣和學習。前者可以是一些小說類的書籍，閱讀它們可以陶冶性情，在書中體驗不同的人生；後者更多的是針對社科類的圖書，這類書籍雖然讀起來有點吃力，但能讓我們在一次次突破中快速成長。

我曾陷入一個閱讀的誤區——只求廣度不求深度。也就是我只看自己感興趣的內容，一旦遇到晦澀難懂的文章或者段落就直接跳過，比如時間管理類書籍，我把更多時間花費在時間管理方法、工具的研究上，選擇忽視一些原理性的內容。這樣做起初也是收穫頗豐，學到不少新的觀點和見解，但隨著深入學習，弊端也日漸突顯，以致我一碰到原理類的內容就一頭霧水，不知所措。

這個時候我就陷入了「α型閱讀」的陷阱中。什麼是α型閱讀？這是日本著名語

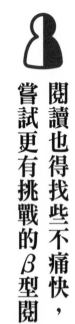

言學家外山滋比古在《閱讀整理學》一書中提出的概念。作者把閱讀內容分為α型閱讀和β型閱讀，前者指的是閱讀已知資訊，後者則是指閱讀未知的資訊。雖然大部分人更偏愛輕鬆愉快的α型閱讀，但具有挑戰性的β型閱讀，才是讓人打開大腦、收穫新知的最佳途徑。

當我看到這個理論的時候茅塞頓開，仔細想想確實如此，大量閱讀時間管理類書籍，一開始收穫頗豐的原因是由於第一次接觸該領域，所以那些方法在當時對我而言屬於β型閱讀。漸漸地，越來越多的β型資訊在我的知識體系中轉換為α型資訊，而我卻沒有及時做出改變，所以收穫就大大降低。

學生時代，我們在學校學習的都是未知的資訊，透過一點一滴的積累，我們的認知逐漸完善。但現在卻恰恰相反，我們開始退步、縮回到已知的閱讀世界裡，完全切斷與教科書的緣分，所以我們很難再有新的進步。難怪外山滋比古說：「學生進入社會後，終其一生都不願意接觸β型閱讀的人也不在少數。」

人生短暫，別錯過好書

再談外山滋比古，他把那些喜歡閱讀簡單易懂文章的讀者，稱為「吃粥的讀者」，因為粥更容易消化，吸收更方便。但他們因為長期不怎麼咀嚼，牙齒便退化了，腸胃的消化功能也退化了，稍微碰到硬一點的食物，牙齒和腸胃就無法發揮功能，然後抱怨：「這樣的東西能吃嗎？」越來越多的人享受做一名吃粥的讀者，卻不願意成為一名啃硬骨頭的閱讀愛好者，喪失了對未知的探索慾望。

讀書唯一的捷徑就是閱讀經典書籍。人生短暫，要讀好書，我們有必要去讀一些歷史書，甚至是一些哲學書籍，它們可能不會使我們富有，卻可以帶給我們精神上的自由。

前段時間，我買了一本《哲學的故事》（*The Story of Philosophy*），這本書從講述哲學家的生平遭遇著手，幫助我更立體地去看待他們的人生。我閱讀他們的故事時，就彷彿在和這些偉人交朋友，等再讀他們的經典理論時自然就多了一分親切感，更容易理解。

有人好奇：什麼才算是經典書籍？評判的標準又是什麼？答案很簡單，凡是能夠經過歷史沉澱，且能夠鼓舞、改變人心的書籍就是經典書籍。

如果實在不知道如何挑選，也可以直接去書店的暢銷榜看看那些超過千人評論，但仍然在八十五分以上的佳作。不要覺得經典書籍晦澀難懂就束之高閣，當你開始嘗試閱讀，萌生對未知領域的興趣之後，說不定會發現原來自己的興趣本身便含糊不清。

面對未知的事物，最好一開始就有「自己可能無法理解」的心理準備，正因為有很多未知的知識需要探索，所以這本書對你的價值也就更大。

讓閱讀成為成長的加速器

關於閱讀，人們常犯的錯誤除了不願意讀經典書籍，還常常只追求數字漂亮。其實好的閱讀體驗需要靜下心來進行，盲目追求閱讀速度，與閱讀的本質背道而馳。閱讀分為精讀和泛讀。對於一些經典好書，例如《金字塔原理》（*The Minto Pyramid Principle*）、《紅樓夢》，你根本讀不快，必須放慢速度，認真品讀。這樣的書籍讀一遍是不夠的。對於其他普通書籍，大可泛讀、瞭解該書的大致內容，或者只看感興趣的一部分就足夠了。

什麼是合適的閱讀速度？美國作家莫提默・艾德勒（Mortimer J. Adler）在其著作《如何閱讀一本書》中這樣說道：「讀得太快或太慢，都一無所獲。」又說正確的做法應該是：「在閱讀一本書時，慢不該慢到不值得，快不應快到有損於滿足和理解。」

現在我的閱讀計劃是每月精讀一本書，每週泛讀一、兩本，每月保持在六到十本書。和閱讀大咖相比，這個量很少，但卻是當前最適合我的一個閱讀速度。

讀書最大的好處就是讓人少走一點冤枉路，用最小的成本取得最大的收益。例如時間管理，可能你只會簡單地列清單、做計劃，可是如果等你系統地接觸過時間管理，便會清楚「三隻青蛙」到底是怎麼一回事，「九宮格日記」又該如何運用，倘若還能將兩者結合起來，一定會產生意料不到的效果。

8個有趣的閱讀方法

此處推薦一些有趣的閱讀方法，幫助你更好地開啟閱讀之路。

1. 浴室閱讀法

節目《非正式會談》中，某嘉賓說自己有個朋友每次洗澡都會讀報紙，他剛說完其他嘉賓就忍不住反駁：「洗澡時到處都是水，怎麼可能閱讀？」他解釋道：「那位朋友洗澡的時候只讀報紙，反正報紙看一次也就扔了。所以洗澡前把報紙浸濕，貼在牆上，一邊洗一邊看幾眼，看完就扔。」聽他解釋完，眾人恍然大悟。

和浴室閱讀法同理的讀書方法還有「撕書法」，我有位朋友經常出差，他習慣隨身帶一本書，但有些書很厚，不方便攜帶。於是他經常買兩本一樣的書，一本放家裡，一本用來「撕」，每次出差撕上幾十頁，路上正好看完。

2. 我是主人法

很多人對閱讀是抗拒的，他們覺得讀書是一件很神聖的事情，必須在安靜的環境中靜下心來細細品讀，其實不然。

我們的確需要尊重每一位作者的付出和思想結晶，但不需要太限制閱讀環境，因為讀書更重要的目的在於瞭解、實踐，主體不是書，而是讀書的人。

3. 「槓精」閱讀法

最近「槓精」一詞特別熱門，該詞原是貶義，「槓」是指抬槓的意思，所以槓精指的是一群抬槓成癮的人，他們不管別人說什麼，總想要反駁挑刺。

雖然槓精不好，但在閱讀時倒是值得鼓勵，因為帶著批判的思維去思考會更有收穫。此種閱讀法重點就在於挑刺，發現作者的邏輯漏洞。

4. 如果我寫法

此點算是對槓精閱讀法的延伸。除了找出原作者的邏輯漏洞，你可以單純地嘲諷作者的文筆。但若進一步，想想看如果你來寫，會怎樣表達同樣的觀點，在自己書寫的過程中如何加深對觀點的理解。

和這類閱讀方法相似的還有「思考書名法」，著名的數學家華羅庚就是此種閱讀方法的忠實擁護者。具體如何操作呢？讀一本書前，除了書名，不要看書中的任何資訊，包括目錄、前言。你只需要看完書名後抽出一刻鐘的時間，閉目靜思，想想如果這本書的作者是你，對於同樣的題目，你會如何去寫。思考完畢後便打開書，對照一下書的目錄和你思考的邏輯是否一樣，如果一樣的話，基本上可以放棄閱讀，如果不一樣，就可以更加有針對性地閱讀，看看作者是如何構思。

5. 一句話總結法

顧名思義，指的是看到一篇文章或者一本書後，能夠用一句話闡述它的核心觀點，或者用一句話說清楚它的類型和主題。通過強迫總結要點的方式，提高個人閱讀的思考能力。

很多人的閱讀處在一個一知半解的狀態中，因此常常會掉入「道理我都懂，然而沒什麼用」的陷阱裡，這其中最重要的原因就在於缺乏獨立的思考，只是囫圇吞棗式地被動接受。

6. 頭腦風暴法

一本書，可以一個人坐下來細細品讀，也可以三五好友聚在一起進行討論。同樣一本書、一個主題，你談談你的看法，他說說他的觀點，彼此在思想的交流碰撞中產生新的認知，開闊各自的眼界，擺脫思維侷限。

趙周老師創辦的「拆書幫❾」活動，就屬於頭腦風暴閱讀的一種形式。如果你所在的城市有此類讀書活動，不妨去看看，感受一下頭腦風暴的魅力。

7. 只學十點法

有的人讀書喜歡從頭讀到尾，一字一句都不錯過。還有一類人讀書只是為了獲取知識，獲得一種知識儀式感，他們要求自己在看一本書的過程中，只要學到十個可以用在生活中的知識點就算讀完了，也不失為一種較輕鬆的閱讀方式。

8. 語音閱讀法

說到聽書，大家一定不陌生，但語音閱讀法不是單純地聽，也不會像前面幾種閱讀法那樣促進大家思考。

重點在於將自己的讀書筆記轉換到一個新的記錄載體上，有的讀者在看一本書時會勾畫出好的段落，有的人還會抽時間將這些語句整理歸檔。但大部分讀者因為種種原因，書讀一遍後便將其束之高閣。其實，你可以在看書的時候，準備一支錄音筆，或者打開手機錄音功能，看到一個好的語句便讀出來，最終整理出一套自己的語音筆記，在坐車或者空閒的時候拿出來反覆聽。

總之，想要快速成長，閱讀是你的不二之選。讀一些晦澀難懂的書，主動跳出舒適圈，突破自我，積極吸收新鮮知識；讀一些幽默有趣的書，給生活添一抹色彩，讓自己變得積極起來。

至於閱讀方法，不同的書籍要求也不同，不用拘泥於某種固定方法，學會變通，將多種方法都嘗試一遍，在不斷的嘗試中找到喜歡的方法，並摸索出一套屬於自己的閱讀方式。

❾ **拆書幫：**是一個推動實用類閱讀和職場學習的組織，他們有自己的一套方法論叫做「拆書」，是一種以解決問題為導向的讀書方式，把實用類圖書知識拆為己用。

深度思考，讓人生少走點冤枉路

什麼是深度思考？有人說，透過思考不斷接近問題的本質就是深度思考。話雖沒錯，但放到現實環境中，我更喜歡這樣說：**透過思考不斷接近問題的本質，並且結合實際情況迅速找到問題的突破口，就是深度思考。**

我發現，這兩年有些人談到深度思考時，總喜歡對問題追根問底，批評絕大多數人的思考不夠深刻。他們總拘泥於理論知識，但實際操作不到位。

思考很關鍵，但思考只是第一步，不能落實的思考也只是紙上談兵罷了。如何讓思考發揮作用，幫你找到解決問題的方法呢？可以分為以下三個步驟。

調整思考的角度

人會痛苦就在於看不透事物的本質，在錯誤的方向努力前行，結果離事情的真相越來越遠。

很多人談起焦慮，都會覺得是困難太多所致，所以不少人喜歡一開始就在如何解決困難上下工夫。起初效果不錯，但他們很快就發現，困難是解決不完的，今天解決一個困難，明天就會有兩個困難擺在眼前；等明天解決完兩個困難，到了後天就會變成四個。

當能力不足時，困難會讓你焦頭爛額，壓得你喘不過氣來。當你能力提升後，困難依舊會向不知所措的你襲來。

所以在某個趕早班車的清晨，或是某個熬夜加班的夜晚，你都會情不自禁地感嘆：這樣的日子什麼時候結束？什麼時候才能解決完所有問題？

心態正向的人感嘆幾句後，便能很快調整好狀態，進入新一輪的挑戰，但心態悲觀的朋友，很容易在一次次感嘆中迷失自我，變得更加焦慮。

其實，換個角度思考：人生下來不就是要解決問題嗎？在不同的階段，我們會遇到不同的問題，雖然這些問題有時候令人討厭，但我們不正是解決了一個又一個的問題後，才找到了自己的價值嗎？

人的競爭力，在某種程度上就是解決問題的能力。入學考時誰能幹掉考題，誰就可以考上更好的大學；工作後誰能幫助主管解決更多的問題，誰的月薪、職位就更高；等結婚生子後，誰能更好地處理家庭關係，誰的家庭就更和諧。

所以，如果從一開始你就把解決問題當成緩解焦慮的方法，就註定會被更多的困難包裹，逐漸喪失鬥志。**但如果你能認識到困難必然存在的客觀事實，便會從內心深處得到解脫。**改變和自我調整，都會讓你變得更有力量，更積極向上。

找到適合自己的方法

如果我問你：「你焦慮嗎？」相信很多人會給出肯定的答案，甚至我身邊的朋友還會給焦慮加了一個形容詞——超級。

焦慮、迷惘是很多人的常態，每個人焦慮的原因都有所不同。有人是因為經濟狀況不佳；有人是覺得工作沒意義，感覺自己在虛度光陰；還有人是因為馬上就要考試，擔心考砸。想要緩解焦慮，首先就得明白自己焦慮的真正原因，這不是簡單看幾篇教你放輕鬆的文章就可以解決。

我看過一個觀點：你之所以會感到焦慮，是因為你太閒。這話對嗎？

參加座談會時，我認識了朋友A，他是一名會計，曾獲得公司「年度優秀員工」的稱號，下班後堅持閱讀和寫作，週末也會主動參加各種培訓班進修。用他的話說，自己每天都在生活中拚盡全力。看到一本好書，他會擔心世上的好書太多，自己永遠看不完；認識一位大咖，剛互相介紹完就感嘆大神那麼多，自己永遠也不可能超越。

很顯然，A的焦慮不是因為太閒導致的，恰恰相反，正是A不斷地努力，讓他更加焦慮，因為這讓他看到了自身更多的不足。當你掌握的知識越多時，你所接觸到的未知也就更多，當你越努力向前時，就越明白自己的渺小。

在不斷前進的過程中，如果不能及時調整心態，就很容易被壓垮，變得很焦慮。所以對A來說，想要緩解焦慮，重點不是如何行動，而是應該學會調整心態、專注行動本身，並學會肯定自己，不妄自菲薄。

接受不可控的常態——二十英里法則

針對這種情況的焦慮，我推薦他使用「二十英里法則」。它是由美國心理學家吉姆・柯林斯（Jim Collins）提出的。

從美國西海岸聖地牙哥到某個地方有三千英里的路程，這段路程地貌複雜、天氣多變。在這三千英里的路程中，有些人開始會走得比較快，但到最後因為體力不支，速度自然就慢了下來，最終需要花費七到八個月的時間才能走完。還有一些人看天氣走路，天氣好時一口氣能走四十至五十英里，天氣不好時就躲在帳篷裡抱怨、等待，一路走走停停，他們走完全程則需要八到十個月。最後一類人有著自己的目標，無論天氣優劣、不管心情好壞，每天只走二十英里，走到就停下休息，最終只需要五個多月就可以到達終點。

日行二十英里的方法，就是著名的二十英里法則，也就是俗稱的自律法則。它告訴人們：在不確定的環境裡，要承認外部條件的不確定性，接受不可控是常態的事實。但不要讓隨時變化的天氣和路況來告訴你做什麼，而是要讓自己來告訴自己應該做什麼！

思考也需要交流

有一個網路作家說自己遇到了瓶頸，難有突破。她問我是不是自己練習得還不夠多，是不是再寫五十萬甚至一百萬字，寫作能力就可以突飛猛進？

從我個人的經驗來說，想要提高寫作水準，對已有一定基礎的作者而言，最關鍵的不再是寫而是讀。有句話說得好，一個從沒有閱讀過詩集的人，當他開心時，不會說「春風得意馬蹄疾，一日看盡長安花」，只會「哈哈哈」；當他傷心時，也不會歎息「問君能有幾多愁？恰似一江春水向東流」，只會捶著胸口說一句「人家的心好痛」。

如前所述，不要用戰術上的勤奮，去掩蓋戰略上的懶惰。就好像你寫了一萬道加減乘除的算術題，雖然很努力也很辛苦，但這只是戰術上的勤奮，你永遠也不能靠它學會微積分。**機械地重複可以讓你提高效率，在戰術上得到提升，但也很容易讓你在戰略上失去競爭力**。

所以，深度思考絕不是一個人悶著頭絞盡腦汁的過程，而是一個和自己交流，也和他人交流的過程，避免犯戰術上的錯誤，進而贏得戰略上的勝利。

當激情褪去，「主題閱讀法」讓你在新領域站穩腳步

一萬小時理論真的有用嗎？

如何在一個領域達到領先水準？你或許會想到一萬小時理論，該定律曾在格拉德威爾（Malcolm Gladwell）的《異類》（*Outliers*）一書中被提出。他說：「人們眼中的天才之所以卓越非凡，並非天資超人一等，而是付出了持續不斷的努力。一萬小時的錘煉，是任何人從平凡變成世界級大師的必要條件。」

成功沒有捷徑，想要成為某個領域的大師，就必須經過大量機械的練習，以每天八個小時，每週練習五天來計算，至少需要五年時間。

在這個人人都想速成的年代，這樣的答案會令很多人失望。那麼，有沒有什麼辦法，可以短時間內就令我們在新領域有所成就呢？

總有人說我的成長是飛速的，從接觸寫文章到簽約第一本書，僅用了三個月的時

間，四個月後文章被《中國青年報》、《共青團中央》、《人民日報》等媒體相繼轉載，次年第一本書《丟掉玻璃心》便出版了，之後收到各大出版社的約稿。

戴爾・卡內基（Dale Carnegie）在其名著《人性的弱點》裡提道：「興趣所在的地方，也就是你能力所在的地方。」很多人把我的快速進步歸於找到了興趣，但我覺得並非全然如此，而只是早一點學會了主題閱讀法。興趣確實是最好的老師，但僅限於啟蒙階段。真正讓我堅持下來的是寫作路上不斷取得的成績，是它們給予我正向回饋，賜予我新的動力。

興趣不是培養出來的，是由成就感帶來的，當激情褪去，需要用不斷的正向回饋給自己新的動力。我最近在看閱讀類的書籍，看得越多，越覺得自己以前讀書都白讀了。白讀不是說讀書沒有帶給我幫助，只是過去讀書的效率太低，時間付出和收穫不成正比。

胡適曾說：「無目的的讀書是散步而不是學習。」我便是如此，闔上書後只對書中一些顛覆自己世界觀的內容有印象，其他內容就隨著時間的流逝徹底忘掉了。

沒有掌握讀書方法，效率便會大打折扣。用相同的時間，與其淺嘗輒止地涉獵，不如多加思考，最終形成自己的方法論。

我曾嘗試過十二種閱讀方法，最大化地強化它們各自的優勢，彌補其劣勢，最終揉合成一套適合自己的方法，其核心就是主題閱讀法。它可以幫助我們快速形成對某領域的認知框架，並找到關聯。

人人都需要學會的主題閱讀法

我個人寫作能力的快速成長，源於實踐「主題閱讀法」。那麼，什麼是主題閱讀法？它是由前文所提到的美國作家莫提默・艾德勒在《如何閱讀一本書》中提出的，這是一本被封為閱讀類經典書籍的名作。他認為閱讀可以分為四個層次，分別是基礎閱讀、檢視閱讀、分析閱讀和主題閱讀。

基礎閱讀要求讀者明白每個句子在說什麼，這對大部分人而言並不是難事。檢視閱讀可以簡單地理解為略讀，是指在一定的時間之內，抓住一本書的重點。分析閱讀便指精讀，能分析書的大綱、邏輯結構。最後一層便是主題閱讀，閱讀者需要閱讀很多不同領域的書籍，並列舉出這些書的相關之處，有自己的思考，形成一個更龐大的知識體系。

主題閱讀被看作最高層級的閱讀方式，那是否就意味著一般人無法掌握？基礎閱讀、檢視閱讀、分析閱讀不過關，就不可以練習主題閱讀？答案是否定的。

誠然，良好的分析能力可以幫助人們更好地廣泛涉獵，進行主題閱讀。但說到底，主題閱讀不過是一種讀書方法，層級的概念會讓人對此產生距離感，覺得高不可攀。其實，主題閱讀是非常容易理解的，分為四步驟。

1. 確定主題

我從二〇一七年就開始專注時間管理文章的分享，並於二〇一八年開展了兩期時間管理的座談會，因此受到一些平台的邀請。這一切都源於我把大量的時間用在時間管理的學習上，很多作者寫文章的時間都比我長，但很少有人比我在時間管理領域花的時間更多。

2. 快速閱讀

拿到一本書，先掃一眼書的目錄，瞭解基本框架，再看看序，明白作者寫此書的初衷。時間充裕的話，不妨再讀上兩小節，看看你對作者的文風是否感興趣。

3. 集中閱讀

結合閱讀的目的，針對性地閱讀不同書籍中的同一內容，比如做讀書類的主題閱讀，你想先研究讀書方法，就可以根據此目標，只看每本書中有關閱讀方法的推薦，暫時放棄其他的內容。這樣有助於跳出作者的思維框架，專精於某一個主題，對此逐漸形成自己的認知體系。

4. 輸出分享

主題閱讀的最後一步，也是最關鍵的一步——輸出分享。發出自己的聲音，吸引同頻的人，通過各種方式將書的核心內容展現出來。

主題閱讀主要負責搭建知識框架，可以廣泛涉獵，但如果我們分析閱讀的能力過關，就會產生一加一大於二的效果。

重點整理

- ☑ 根據「四象限法則」，每天要做的事情可以分為四大象限：緊急重要、重要不緊急、緊急不重要、不緊急不重要。
- ☑ 讀書唯一的捷徑就是閱讀經典書籍，它們可能不會使我們富有，卻可以帶給我們精神上的自由。
- ☑ 通過思考不斷接近問題的本質，並且結合實際情況迅速找到問題的突破口，這就是「深度思考」。
- ☑ 如果你能認識到「困難必然存在」這個客觀事實，便會從內心深處得到解脫。
- ☑ 興趣不是培養出來的，是由成就感帶來的，當激情褪去，需要用不斷的正向回饋，給自己新的動力得以持續行動。

後記
學會「反本能」，找到改變自己的路徑！

現實生活中我們都在犯著同樣的錯誤。比如，學生時代的你明知道不久就要考試，但還是忍不住打電玩；已經上班的你，明知道第二天還得上班，睡前卻還是忍不住滑手機。這些行為在本質上，就和前文提及的糖尿病患者忘記吃藥一樣，都是因為本能地追求一時痛快，而讓我們與正確的選擇背道而馳。

追求一時痛快的本能，不僅影響學習、休息，甚至還會對我們的生命健康造成嚴重的威脅。除此之外，還有哪些人類的本能在阻礙我們的發展呢？順著這個思路，我發現追求安逸、注意力不集中等本能，也是重要的阻礙因素。

本書非常注重實用性和可操作性，選題都是從日常生活的困難點出發，從阻礙行動的問題點著手，並結合個人的反思及前人的經驗教訓，最終找到切實可行的解決方法，讓方法不侷限在腦子裡，而是落實在行動中。

本書「反」的本能，是指那些對你的生活造成困擾的生活習慣，比如拖延、專注力低下、浪費時間等，這些都是我們需要認真對待的問題。但是，我要提醒大家，不是所有的本能都要「反」。我們要學會具體分析，用心去區分那些需要調整的本能。

具體來說，就看這個本能是否對你的生活造成了實質影響，以及它在你日常生活中出現的頻率高低。

首先，看它是否對你造成了實質影響。比如很多人都是「外貌協會」，別不承認。大量的研究表明，連襁褓中的嬰兒都會以貌取人。從生物學的角度而言，這是我們出於本能在為下一代進行考量，在個人能力範圍內最大化地優化種族基因罷了。愛美的本能無可厚非，但是凡事最忌諱過猶不及，交友不能只看重外貌而不考慮性格等其他因素。

其次，看它在你日常生活中出現的頻率。舉一個我自身的例子：我特別害怕靠近水，因為小時候的一次意外落水讓我差點溺死，直到現在我都會遠離水池，更別提游泳了。如果我克服對水的恐懼並學會游泳，當水災發生時，它就能救我一命，但這種極端情況出現的機率極低。如果不怕水，對游泳感興趣，多接觸多學習自然是好事，但如果像我一樣，對水有本能的恐懼，學習的成本就會增加。所以，當它發生的頻率很低時，我們就沒必要強迫自己去改變。

總之，「反本能」並不是一個和過去的自己徹底說再見的過程，而是一個和自己和解，從而找到更好解決方法的過程。書中所說的自我管理、時間管理、精力管理、格局提升以及加速進階的內容，便是希望大家能更便捷地找到改變自己的路徑。

當我們真正瞭解人性的弱點，並能針對性地做出改變時，距離成功也就不遠了！

NOTE

NOTE

國家圖書館出版品預行編目（CIP）資料

彼得・杜拉克也提出反本能計畫：37個科學的方法，管理你人性的弱點！/ 劉船洋 著
－－初版. －－新北市；大樂文化，2020.04
240面；14.8×21公分. –（Business；62）

ISBN 978-957-8710-60-3（平裝）
1. 管理科學

494 109000596

Business 062

彼得・杜拉克也提出反本能計畫

37個科學的方法，管理你人性的弱點！

作　　者／劉船洋
封面設計／蕭壽佳
內頁排版／思　思
責任編輯／王姵文、林育如
主　　編／皮海屏
發行專員／劉怡安、王薇捷
會計經理／陳碧蘭
發行經理／高世權、呂和儒
總編輯、總經理／蔡連壽
出 版 者／大樂文化有限公司
地址：220 新北市板橋區文化路一段 268 號 18 樓之 1
電話：（02）2258-3656
傳真：（02）2258-3660
詢問購書相關資訊請洽：2258-3656
郵政劃撥帳號／50211045　戶名／大樂文化有限公司

香港發行／豐達出版發行有限公司
地址：香港柴灣永泰道 70 號柴灣工業城 2 期 1805 室
電話：852-2172 6513　傳真：852-2172 4355

法律顧問／第一國際法律事務所余淑杏律師
印　　刷／韋懋實業有限公司

出版日期／2020 年 4 月 20 日
定　　價／280 元（缺頁或損毀的書，請寄回更換）
I S B N　978-957-8710-60-3

版權所有，侵害必究
原簡體中文版：《反本能2：如何對抗人性弱點》
本著作繁體中文版，經四川天地出版社有限公司授予台灣大樂文化有限公司獨家出版發行，非經書面同意，不得以任何形式，任意重製轉載。天地出版社對繁體中文版因修改、刪節或增加內容所導致的任何錯誤或損失，不承擔任何責任。
All rights reserved.

優渥叢書

優渥叢書